北村 修二

環境と開発のはざまで

いま、国際化・環境問題からいえること

大学教育出版

はじめに

　近年、私たちは、世界や地球市民として、地球は1つとの認識を意識せざるを得ない。これは、わが国や世界の社会経済のみならず、われわれの生活も、人、もの、金、情報にみられるように、もはや国際化のもとで、地球的規模で展開するからに他ならない。

　もちろん、21世紀最大の課題とされる環境問題についても、地域的のみならず、国際的さらに地球的規模で対処せざるを得ない状況が散見される。従来の酸性雨、黄土の飛来の増大化、東京に象徴される都市のヒートアイランド化等に加え、近年は、地球温暖化による氷河の減退化やツバルの国土の水没・消失化への懸念、2005年のアメリカ合衆国のハリケーン「カトリーナ」や「リサ」にみられるような異常気象、また突然出現するエマージング感染症、なかでも最近大きな課題となっているエイズ等の性感染症、アフリカの風土病であった西ナイル熱のアメリカ合衆国での増大化、2002～3年に猛威を振るったSARS（重症急性呼吸器症候群）、高病原性鳥インフルエンザ等の新しい感染症[1]の展開等はこれに当たる。

　これらは、とりわけ従来とは異なる近年の人間側のあり方、とくに地球規模での環境破壊をも引き起こす開発やその志向に伴う人間の自然や環境への関わり、また人やものの行き来の急速な国際化やグローバル化等に大きく関わるものでもある。そういう意味では、それらは、自然現象や自然災害であるのみならず、社会的災害でもあり、まさに環境問題そのものといえる。したがってそこでは、ニューオーリンズでのハリケーン災害にみられるように、また美浜原発事故に象徴されるわが国における近年の原発事故やさらにはそれらの事故隠しにみられるように、対処の仕方、企業や組織のあり方、さらには、人間その

もの、また国や人間社会そのもののあり方さえ問われるわけである。

　このように近年グローバル化や環境問題が地球的規模で顕在化するなか、わが国においても、環境問題は、企業の存続、また地域や行政にとっても重要な課題となっている。これは、企業や地方自治体の環境問題への取組みや対策は、時代や社会の要請への対応、また国際化やグローバル化への対応でもあり、企業や産業づくり、さらにはまちづくりや地域づくりへとつながるからでもある。

　事実企業の環境問題への取組みや対策は重要で、例えば名古屋に本社があるブラザーは、売り上げの84％が海外と国際的に展開する企業であるが、イギリスをはじめとする海外また国内でも、国際環境基準 ISO14001 の取得をはじめとして環境問題へ取り組み、2002年には「埋め立てゴミゼロ」のいわゆるゼロ・エミッションを達成[2]した。また大企業王子製紙およびその春日井工場では、近年市場面では消費者に、また地域や生活環境面では、クラフト臭等の公害・環境問題をも緩和・解消すべく、地域住民や環境にも配慮したり、グラウンドワーク活動等としてのゴミ回収や美化活動、また世界のバラを集めたバラ園を市民に公開する等の取組みを展開している。またノリタケは、陶磁器企業という特性を活かし、環境面での取組みを、工場用地の公園や文化の森づくりと絡めながら、いわゆるノリタケの森づくりと称して展開している。

　もちろんこのような環境問題への取組みは、時代や社会的状況を考慮しての、また国際的な視点からの対応であり、本社や関連企業との関連や要請から、また取引先や販売先等市場を考慮して、また企業としての合理化や時にはコストダウンの一環としても実施[3]されている。

　また地方自治体においても、社会情勢、また地域や住民との関わりから環境問題への取組みや対策が展開されることも多い。例えば国際的な観光県でもある大分県は、環境を行政の重要な柱と位置づけ、都道府県としてはじめてISO14001を取得した。また日田市は、自然環境にも優れた美しいまちで、「水の郷100」に選ばれたように、山紫水明の水郷としての貴重な資源である豊かで良質な水と美林に恵まれた緑とを保全し、「環境都市日田」を実現しよう[4]としている。これにより、観光客数が増加すること、また環境を意識した食品

や飲料メーカーをはじめとする優良企業や研究機関が進出することを期待している。実際ISO14001を1998年に地方自治体として全国で3番目に取得[5]し、1999年には第8回地球環境大賞「優秀環境自治体賞」を受賞した。また環境や地元と共生する環境保全型サッポロビール新九州工場が進出し、2000年には出荷をも開始し、副産物や廃棄物は、県下の酪農家に飼料として提供されるのをはじめとして100％の資源化に取り組んでいる。

また中国地方ではじめてISO14001を取得した島根県安来市では、率先的なゴミの分別収集とリサイクル化、またそれらを背景とする市民の環境への意識の高まりを背景に、省エネや省資源の推進、環境に配慮した事務や事業、資源のリサイクル化に取り組んできた。また水俣市では、水俣病という歴史と教訓を活かし、市民と共同する形で、環境政策とまちづくりを結びつけた環境モデル都市づくりを展開している。したがって、ISO14001の認証取得、また水俣産業団地には、総合リサイクルセンターが整備され、家電、ビン、し尿、オイル、タイヤのリサイクル等環境リサイクル企業が進出し、エコタウン事業が展開されている。また世界一というゴミの21分別化にみられるように、ゴミ処理の先進地として、行政担当官やまちづくり団体が、また教訓を生かした環境モデル都市として修学旅行生が訪れる[6]。

もちろん公害や環境問題において、企業や行政のみならず、市民や地域住民が果たしてきた役割にも大きなものがある。とくに近年は、公害・環境問題が地球規模で顕在化するなか、またわが国経済のバブル崩壊後に典型的にみられるように、社会や経済が停滞化し閉塞状況に陥るなか、環境問題は、社会経済的にのみならず、考え方や行動等における私たちのあり方やその新たな方向性を考える上でも重要な課題となろうとしている。これは、わが国が、従来の大量生産・大量消費型社会において、経費節減やコストダウンという形で、合理化や効率化等と称する効率追求型社会から、成熟し高齢社会化していくなかでの転換を示すものでもある。

事実わが国の豊かさの証しで近年の社会的状況の賜でもある社会階層構造の2極化のもとでみられる富裕層において、消費行動、また経済活動や社会活動においてもみられる新たな展開はこれに当たる。これまでの主として農村部

に都市・農村交流として展開してきたグリーン・ツーリズムやグリーンライフ[7]に加え、主として都市派ともいえる、持続可能型の、また新たなライフスタイルとして、エコライフやスローライフ、「がまんは不要　買って、使ってエコロジー」[8]や、さらにまた消費やブランドも好む新たな環境派としてのロハス（LOHAS）層の展開[9]や台頭化等はまさにそれである。

　このような社会状況の大きな変容のもとで、消費者のみならず、市民や国民の意識構造も大きく変化した。政治面やその行動面では、例えば2005年9月に実施された衆議院選挙でみられたように、郵政民営化[10]を主張したのをはじめとし既得権からの変革をも醸し出した自民党が、従来の農村部地域や保守系層に加え、若者層や都市部の浮動層等の支持をも確保しながら、298議席を確保し、過半数のみならず、公明党との与党連立政権では3分の2の議席までも確保し、参議院の役割をも実質的に無にするほど圧勝したのである。それは、これまでのグラウンドワーク活動[11]等の企業活動、アドプト・プログラム活動等地域住民による清掃活動[12]をはじめとするNGOやNPO活動また地域活動等をも凌ぐ動きでもあった。

　このように近年は、社会経済的のみならず政治的にも避けて通れないほど大きな課題となっている環境問題に関しては、筆者はこれまで、地方自治体および企業における環境問題への取組み、なかでもとくにISO14001とそれを中心とした環境問題への取組みという形で、その状況を明らかにするとともに、そこでの課題を検討・解明[13]してきた。

　それらを踏まえて、本書では、近年における環境問題を概観するとともに、環境問題への取組み、とくに企業のそれへの取組み状況とそこでの課題を、ISO14001を中心とした取組み、また廃棄物の増加を抑制しリサイクル化への方向づけとしての産業廃棄物や産業廃棄物処理税への取組みやその意向状況から明らかにする。このため、企業および地方自治体の環境問題への取組み状況の実態および今後の意向に関する調査を、環境問題に先進的に取り組んでいると評し得るISO14001認証取得企業、また現在環境問題を企業として実際に処理している産廃業者、また地域の構成員である企業のみならず消費者や地域住民の意向をも行政担当者として聞き入れ、それに配慮せざるを得ない地方自治

体に対して、実施し、環境問題への取組みの実態を明らかにする。次いで、その実態を踏まえつつそこでの課題とそれを解消・緩和化すべき対応や対策を見いだし、新たな発展の方向性を以下解明する次第である。

注
1) 志村隆（2005）:『地球環境白書最新今「地球」が危ない』学習研究社、pp.8～9。およびpp.98～103。
世界情勢を読む会編（2005）:『「タブー」の世界地図帳』日本文芸社、pp.104～105。
2) 拙著（2003）:『開発から環境そして再生へ－地域の開発と環境の再生－』大明堂、pp.109～143。
3) 前掲注2) 著書、p.157。
4) 拙著（2001）:『破滅か再生か－環境と地域の再生問題－』大明堂、pp.107～118。
5) 前掲注4) 著書、p.111。
6) 前掲注2) 著書、pp.185～208。
7) 佐藤誠・篠原徹・山崎光博編（2005）:『グリーンライフ入門』農山漁村文化協会、pp.1～150。
8) ももせいづみ（2005）:「がまんは不要 買って、使ってエコロジー」環境会議2005秋号、pp.72～76。
9) 宣伝会議（2005）:「特集生命材としての地球環境」環境会議2004秋号、pp.18～48。
10) 内閣府編（2005）:『経済財政白書2005年版』国立印刷局、pp.143～147。
11) 王子製紙株式会社環境部（2000）:『環境報告書2000』王子製紙株式会社、pp.1～38。
前掲注2) 著書、p.131。
12) 農山漁村新生研究会編（2002）:『地域への提言』ぎょうせい、pp.104～106。
13) 拙著（1999）:『開発か環境か－地域開発と環境問題－』大明堂、p.1～192。
前掲注4) 著書、pp.1～219。
前掲注2) 著書、pp.1～224。
拙著（2004）:『地域再生へのアプローチ－環境か破滅か－』古今書院、pp.1～191。

環境と開発のはざまで
―いま、国際化・環境問題からいえること―

目　次

はじめに ………………………………………………………………………… i

第1編　国際化に伴う社会経済および地域システムの変容と再生問題 …………………………………… 1

Ⅰ　国際化の進展 ……………………………………………………… 2

Ⅱ　社会経済と地域システムの変容 ……………………………… 10
 1.　社会および経済システムの変容・再編成　　10
 2.　地域システムの変容・再編成　　19

Ⅲ　社会・地域経済の再生と新たな社会および地域システム ……… 24

第2編　国際化時代の環境問題 ………………………………… 33

Ⅰ　環境問題の状況 …………………………………………………… 34

Ⅱ　岡山県における環境問題 ………………………………………… 52

Ⅲ　地域環境を活かしたまちづくり・地域づくり ………………… 55
 1.　地域資源を活かしたまちづくり　　55
  (1)　歴史や環境を活かしたまちづくり　　55
  (2)　伊勢市おかげ横町の歴史的遺産を活かした地域活性化　　59
 2.　新たなエネルギーとそれによる地域づくり　　63
  (1)　原子力発電問題と地域づくり　　63
  (2)　新エネルギーによるまちおこし　　66
  (3)　久居市の風力発電による地域活性化　　68

3. 環境問題への取組みによる地域づくり　　71

第3編　国際化時代の環境問題への取組み
　　　　　－ISO14001をめぐって－ …………………………… 77

Ⅰ　世界における国際環境基準ISO14001の認証取得状況と環境問題 … 78

Ⅱ　ISO14001の認証取得からみたわが国の環境問題への取組みと課題
　　　　　　　　　　　　　　　　　　　　　　　　　　…… 81
　1. ISO14001の認証取得と環境問題　　81
　2. ISO14001の認証取得企業の特性　　82
　3. ISO14001の承認機関とその特徴　　87

Ⅲ　ISO14001の認証取得への取組みと課題
　　　－岡山県下の取組みを事例に－ ……………………………… 90

Ⅳ　ISO14001の認証取得の背景と課題 ……………………………… 94

Ⅴ　地方自治体におけるISO14001の認証取得の背景と課題 ………… 104

第4編　環境問題から環境政策へ
　　　　　－ISO14001、産廃処理税、環境税政策をめぐって－ …… 111

Ⅰ　環境先進的企業による環境問題への取組みと課題
　　　－ISO14001の認証取得と産廃処理税への取組みから－ ……… 112
　1. 環境への取組みとしての産業廃棄物処理税－岡山県下の状況から－　112
　2. ISO14001認証取得企業からみた産業廃棄物処理税への評価と課題　117

3.　環境問題への取組みと課題　*125*

Ⅱ　産廃処理政策としての産廃税と環境税
　　－産廃と産廃処理税をめぐって－ ……………………………… *128*
　1.　産廃処理の状況と課題－岡山県下の状況から－　*128*
　2.　産廃処理企業の環境および産廃問題への取組みと産廃処理税　*132*
　　⑴　産廃処理企業の状況－岡山県下の状況を事例に－　*132*
　　⑵　産廃処理企業からみた産業廃棄物処理税への評価と課題　*138*
　3.　産廃処理税への評価と課題－岡山県下市町村の状況から－　*148*

おわりに ……………………………………………………………… *157*

第1編

国際化に伴う社会経済および
地域システムの変容と再生問題

I

国際化の進展

　近年、国際化・グローバル化の進展は著しい。わが国の基幹産業をなしてきた自動車産業についても、海外への進展、とくに従来の米国に加え、最近は中国等アジアでの展開も顕著である。もちろん欧州での事業展開も急で、2003年の場合日系企業の販売台数は180万台と、販売台数、シェア（12.7％）ともに過去最高[1]を記録した。

　これらは、東欧の展開や中国の高度経済成長にみられるよう、地域的再編成が新たな段階に入ったことを端的に示すものでもある。もちろん政治的にはイラク戦争以来米国の突出ぶりが目立つが、米主導への疑問も噴出し、多国籍の意見を踏まえた国連主体の合意に基づいた対処が国際的に求められようとしているのはこのためである。事実、冷戦体制の崩壊後、東西ドイツの併合にみられる東欧の急速な再編成化のもと、中央ヨーロッパで、ポーランドやチェコ問題にみられるように、産業や地域経済の再編成化は急で、その再生が大きな地域問題として顕在化している。小林[2]は、そのような変容・再編成問題を把握・解明するとともに、新たな方向性を、東西ヨーロッパの架け橋としての視点を改めて導入しながら、その再生への道を模索しようとしている。

　もちろんアジア地域においても、最近わが国の企業進出もとりわけ目立ち、世界の工場とされる中国でも、製造業部門を中心に経済成長が著しく、2003年においても9.1％の成長を示し、1人当たりGDPは1,090ドルと、ついに1,000ドル[3]を超えた。

　このようななか、高級家電、パソコン、自動車[4]、さらによりよい居住への志向も強まり、日本の大手電機各社も、日本市場で白物市場にもはや伸びが期待できず、新たな市場として中国で、乾燥機能付き洗濯機やノンフロン冷蔵庫

等の高級白物家電市場を本格的に展開しようとしている。松下電器は2003年から2006年に冷蔵庫の生産台数を30万台から100万台に、家庭用エアコンは150万台から250万台へと急増させようとしている。これは、中国の経済成長が著しく、それに伴い、消費市場も急速に拡大することが予想されるからである。事実中国の自動車生産台数も、2003年の場合444万台と、前年比37％増（うち乗用車は201万台で前年伸び率は84％）の伸びを示し、フランスを抜き世界第4位の生産を占めるに至った。

このような状況のもと、世界的企業としての松下電器産業は、2003年には、海外子会社200社をも統括しており、グループ全体の従業員数は全世界で29万人、うち海外は6割の17万人となっている。また海外での人材起用化も急速に進展しており、海外の生産・販売拠点への出向者2,000人を2006年度までに半減する方針が2004年8月に打ち出[5]された。

神戸製鋼も、その技術、すなわち自社の製造コストの低廉性と大気汚染の低排出プラントを武器に、中国の国営鉄鋼メーカーと石家荘鉄鋼有限責任公司との合弁会社の設立に動き出した。またトヨタ自動車も、アメリカ合衆国への懸念と戦略から中国への企業進出が出遅れていたが、中国第1汽車グループと包括提携を締結し、2005年には第2工場を天津で稼働させたのである。

このように国際化が進展するなか、産業の展開とそれに伴う雇用の展開も国内はもちろん海外からの要請もあり、近年急速に拡大しようとしている。したがって大連市においても、近年日系企業の急速な進出に伴い、日本語教育熱が日系進出企業の雇用と結びつく形で展開するなか、中国人が、ITの担い手として、例えばカーナビの生産に関わる等、日本人に代わる人材としてその役割を演じ、展開しようとしている。コールセンター化が世界で急速に展開しつつあるが、近年は中国にもその展開がみられるのである。

もちろんコールセンターといえば、人口大国で人材が豊富で低廉なことに加え、英語が補助公用語としての役割を演じているインドがその筆頭としてあげられる。これらの地域には、米国パソコン企業の製品やサービスへの顧客への対応を請け負うコールセンター機能が展開し、米国人に取って代わりインド人等がその役割を担おうとしている。事実インドでは、2004年には、IT関連の

顧客対応や管理業務の受託が5,600億ドル、その雇用は、コールセンターのボイスワーカーをはじめとして、35万人[6]にも達している。もちろんこれに伴い、個人情報の流出や売買等をはじめとして新たな問題[7]もみられる。

このように近年、中国で経済を中心に大きな躍進がみられるが、そこには課題も山積している。対外的には、繊維や靴の問題に象徴される米国や欧州との貿易や経済摩擦、また国内的には、例えば景気の過熱に伴う原料不足やその高騰化、自動車の急増に伴う諸問題、ローン普及の急増、不正融資や焦げ付き[8]もみられる。さらに地域的には、都市と農村部の地域格差問題、例えば都市住民の平均年収は8,500元と、農村部のそれ2,622元を大きく上回っている。このようななか、中国の人件費も高騰し、日系企業の賃金も、なお欧米とは格差があるものの、2003年の場合、事務系専門職では年4.3万元[9]（56万円）と、上昇を続けるものとなっている。

このような状況のもと、日本の貿易相手国の構成にも大きな変化がみられた。貿易相手国の第1位は、2003年度にはもはやアメリカ合衆国ではなく中国となっている。したがって、日本企業においても、それを言語面に限っても中国語がビジネス上欠かせない。企業向けの中国語研修や語学学校の受講生の伸びは著しく、NHKの中国語講座も、女高生へのテキストの販売[10]にみられるよう中国語も活況を呈している。

このような国際化に伴い、わが国の国内産業の再編成化は著しく、国内毛布の9割を生産する泉大津市（大阪府）の繊維産業も、安い中国製品に対抗するための再編成化が著しい。そのようななか、超高密度ポリエステル製の世界初の難燃毛布による高付加価値化商品を、介護施設やホテル等での需要に新たな道を見いだそうとする動きもみられる。

そのような時代への対応は必要で、例えば農業機械メーカーも、日本農業の国際化が、わが国の基幹的農産物部門においてさえ輸入農産物の増大という形で進展し、大きく衰退産業化し、再編成化や新たな対応を迫られている。実際、農業機械メーカーが家庭用耕耘機の販売に取り組む動きもみられる。これは、農業用大型機械の需要が減退するなか、市場の確保が見いだし難く、団塊の世代が2007年以降定年を迎え、家庭用菜園を200万人が楽しみ、20万人による

耕耘機保有が生じるとみられているためである。ホンダも、小型家庭用耕耘機「サラダ」を新たに発売し、2003年および2004年のその販売台数は1.1万台に及ぶ等、2004年のわが国の家庭用耕耘機保有台数は11.6万台へと増大[11]した。

　もちろんこのように時代や国際化の進展のなかでも特徴を出せばそれだけの展開ができ、それは、地方においても世界戦略として打ち出せるわけである。実際岡山市に本社があるナカシマプロペラは、2005年において従業員約380人で売上高118億円を上げる船舶用プロペラや人工関節等の医療機器のメーカーであるが、世界最大規模のプロペラ工場を持ち、プロペラ部門では国内シェアの7割、世界市場では3割のシェアを誇る企業である。また東広島市にあり高い技術力を持つ精米プラント企業であるサタケは、国内で9割のシェアを誇るのみならず、世界市場でも8割以上のシェアを誇る世界最大のメーカーでもある。

　このように国際化が進展する状況のもとで、1999年に設立された日本技術者教育認定機構[12]（JABEE）は、技術者教育の国際的水準を確保・保証し、国際的に通用する技術者の育成を企業、産業や社会に供給するものとして、近年注目を浴びている。事実、日本は、非英語圏の第1号として、ワシントン協定（1989年発足）への前提加盟が2001年に、また2005年には正式加盟が認められている。しかしそこには課題もみられる。それは、ユニバーサルを標榜しつつも、国際的にみて極めて限定的、とりわけ英国・米国（イギリスの旧植民地圏ともいえる）圏に限定されたものといわざるを得ない。すなわちそれへの参加国は、USA、英国、カナダ、オーストラリア、ニュージーランド、アイルランド、香港、南アフリカの加盟に限られるわけである。優秀な技術者が国境を越えて自由に活動できるようにと、均一性や同等性を国際的に保証する、このような資格や国際性は、日本人がとりわけ海外で活躍するためのものなのか。それとも海外から人を入れる、また世界へ配置・展開するためのもの、すなわち安価で優秀な労働力をいつでもどこでも自由に調達するためのものなのか。

　もちろん近年わが国で高齢化が急速にしかも予測以上に進展するもとで、新

たな社会的対応をハード面ではもちろん、ソフト面でも迫られているが、なかでもとくにその担い手問題には大きなものがある。これは、人口が高齢化し、縮小・減少化するもとではなおさらである。そこには、介護の担い手問題を、時給を上げるか外国人を受け入れるか[13]という二者択一的な形で迫まる動きも近年目立っている。

　事実20年後の2025年には、訪問介護サービス利用者は、115万人から156万人へ、またホームヘルパーは34万人から47万人へとともに1.4倍にも増大する。したがって、パート等の担い手不足問題を解消するには、時給を1,200円から1,500円へと25％アップして担い手を確保するか（利用者がそれを負担すると月当たり5,835円の負担増を迫られるか、介護保険制度のなかでの負担増加でそれを賄うか）、また欧米やシンガポールや台湾のように、開発途上国が育成した人材を奪う形で、外国人労働者を受け入れ利用するのか（もちろんその分賃金は上がらないが日本人には仕事が回らないわけである）を迫る論調が盛んに展開されている。このような状況のもとでは、国民は安易に、負担よりは外国人の受け入れをとの声を発しがちで、資本は、それらをも背景にそれを利用し推し進めようとするのである。

　もちろんこのようなことに課題はつきものであるが、それが生身の人間に関わる場合はことさらそうである。わが国には全国にある35の公立夜間中学の他に、支援者のカンパのもとで、教員、主婦、退職者らが支える自主夜間中学も存在するが、そこでは、日本人の配偶者、残留孤児、ブラジル人をはじめとするニューカマー等外国人[14]が近年増えるなか、日本語の習得等、その役割の変容とその必要性には大きなものがある。

　事実、近年外国人労働力の流入の伸びは停滞化しているものの、外国人労働者数は、1990年の26万人が2000年には71万人、さらに2003年には79万人へと増加している。かくして外国人労働者比率は、1990年の0.5％が2002年には1.4％へと増大した。一方、不法残留者は、1990年には11万人であったが、1993年の30万人をピークとして、2000年には23万人、さらに2003年には22万人[15]へと減少・停滞化している。

　それらが見事に展開しているのが、先達の欧米諸国で、移民の国アメリカ合

衆国はまさにそれに当たる。事実アメリカ合衆国では、ラティーノ（中南米系移民）が 4,300 万人、不法移民[16] が 1 千万人もの多きに達している。その約半数はメキシコ人で、その入り口に当たるカリフォルニア州では人口の 3 分の 1 を占め、ここから、住みやすさ等の生活条件から、アメリカ合衆国の中部や南部等へと展開していく。移民の存在は、アメリカ合衆国においては、雇用面、地域経済面また社会面のみならず、政治面でももはや欠くことのできない大きなものとなっている。それゆえに、それが深く浸透している現状とは裏腹に、移民の流入を減らすべき（49%）、また賃金の低下や米国経済に悪影響（65%が米世論調査で回答）とその拡大を懸念する声も近年一層強まるわけである。

　このような相矛盾する展開や論理は他にも数多くみられる。事実国際化に伴い、文化や情報面でもわが国文化の海外への流出化とそれに伴う再編成化は著しく、そのなかでは邦楽 CD の逆輸入を禁止せざるを得ない[17] 状況さえみられる。これは、日本生まれの CD がアジアで生産され販売されその市場が拡大している状況のみならず、その格安価格（アジアでの邦楽価格は最低レベルの場合国内価格の 6 分の 1 の）CD が、日本のディスカウント店にまで流布し販売される状況が展開しているからである。これは、わが国の資本のみならず、産業また消費者の行動までもが、消費構造に、また海外依存型化、すなわち CD 関連を含め海外への依存の上に立ち、国内より海外市場をも重視し、流通資本本位に展開する構造となっているためでもある。したがって、流通、販売業者や販売店は、より安価でより販売や利益が上がり、成長や発展につながるもの、それゆえ逆輸入 CD の販売を志向し、それへの依存に努めるわけである。しかし自らジレンマに陥る矛盾した行動を取らざるを得ない。

　なぜなら還流 CD は、2003 年の 68 万枚から 2010 年には 1,265 万枚へと増大すると予想されている。わが国の製造業のみならず、出版業界が自ら海外での生産への依存を強めつつあるが、個々人のまた資本の対応と、社会や産業の方向づけとは必ずしも一致せず、レコード業界も、還流防止策を求めており、先進国をはじめとする 65 か国と同様、それは 2005 年に施行される。しかしそこには釈然とし難い矛盾がみられ、その防止策は、コスト削減のためレコード会社そのものが海外へ大きく依存し、彼ら自身が輸入する場合は適用が除外さ

れ、日本で販売しない条件で認めた CD やレコードの輸入禁止処置にとどまり、レコード会社の申し立てにより税関で差し止められるというものにとどまる。したがって、消費者団体は、再販制度の問題からも一層価格競争がなくなると反対しているわけである。

　そこでは、個人や資本の利益と論理、社会や国益、また国内市場や海外市場、さらに技術や文化をどのようにするのかということ、そのものが問われる。それは、文化で最も受け入れやすい音楽、とくにその展開が顕著な CD において顕著にみられるのである。もちろんこのような動きは、わが国における近年の経済や社会の構造そのものを示すものであり、それへの関わりやそのあり様は、音楽さらに産業の発展に寄与したり衰退を懸念させたりもするわけである。

注
1) 朝日新聞 2004.1.17。
2) 小林浩二（2005）:『中央ヨーロッパの再生と展望』古今書院、pp.1～258。
3) 矢野恒太記念会（2005）:『世界国勢図絵第 16 版』矢野恒太記念会、pp.30～31。
4) NHK 出版編（2003）:『中国 2003 昇竜世界をめざす』日本放送出版協会、pp.38～46。
　 叶芳和（2003）:『産業空洞化はどこまで進むのか』日本評論社、pp.145～234。
　 青山周（2003）:『環境ビジネスのターゲットは中国・巨大市場』日刊工業新聞社、pp.12～16。
　 朝日新聞 2004.1.21。
　 拙著（2004）:『地域再生へのアプローチ－環境か破滅か－』古今書院、p.8 および p.70。
5) 朝日新聞 2004.8.3。
6) 朝日新聞 2005.6.21。
　 http://hotwired.goo.ne.jp/news/news/business/story/20021025105.html.
　 http://japan.internet.com/finanews/20040408/12.html.
7) http://japan.internet.com/news/ebiz/story/2000047658.html.
　 http://itpro.nikkeibp.co.jp/free/ITPro/Security/20050729.html.
8) 朝日新聞 2004.9.6。
　 伊藤正（2004）:「『世界の工場』という中国の虚構」正論第 388 号、pp.50～65。
　 藤田千枝編（2005）:『くらべてわかる世界地図 6 環境の世界地図』大月書店、pp.8～9。
　 小島朋之編（2000）:『中国の環境問題』慶應義塾大学出版会、pp.1～277。
　 拙著（2003）:『開発から環境そして再生へ－地域の開発と環境の再生－』大明堂、p.40。

大西・古庄・宇田川他（2005）：「中国発資源動乱」東洋経済第 5967 号、pp.30〜45。
9）　朝日新聞 2004.3.1。
10）　朝日新聞 2004.2.17。
11）　朝日新聞 2005.5.8。
12）　http://www.jabee.org/2005/08/29.
13）　拙著（2004）：『地域再生へのアプローチ－環境か破滅か－』古今書院、pp.29〜32。
　　　朝日新聞 2005.5.22。
14）　拙著（1997）：『世界の雇用問題』大明堂、pp.134〜140。
　　　関戸明子（2003）：「群馬県太田市・大泉町における在日ブラジル人の生活実態と地域とのかかわり」えりあぐんま第 9 号、pp.15〜38。
　　　朝日新聞 2003.12.2。
　　　拙著（2004）：『地域再生へのアプローチ－環境か破滅か－』古今書院、pp.29〜32。
15）　厚生労働省（2004）：『厚生労働白書 2004 年版』ぎょうせい、p.367。
　　　http://www2.ttcn.ne.jp/~honkawa/3820.html
16）　労働大臣官房国際労働課（1992）：『海外労働白書平成 1992 年版』日本労働研究機構、p.579。
　　　拙著（1996）：『国際化と労働市場』大明堂、pp.86〜97。
　　　拙著（1997）：『国際化と地域経済の変容』古今書院、pp.17〜34。
　　　拙著（1997）：『世界の雇用問題』大明堂、pp.55〜77。
　　　日経新聞 2004.6.5。
　　　拙著（2004）：『地域再生へのアプローチ－環境か破滅か－』古今書院、pp.12〜17。
　　　Alejandro Portes and Ruben G. Rumbaut (1990)：Immigrant America. University of California Press, p.300.
　　　Andrew Hacker (1992)：Two Nations. Charles Scribner's Sons, p.257.
　　　David M. Heer. (1990)：Undocumented Mexicans in the United States. Cambridge University Press, p.232.
　　　Richard C. Jones (1982)：Undocumented Migration from Mexico, A. A. G. 72. pp.77〜87.
　　　Richard C. Jones (1982)：Channelization of Undocumented Mexican Migrants to the U. S. Economic Geography. 58. pp.156〜176.
　　　William W. Goldsmith and Edward J. Blakerly (1992)：Separate Societies. Temple University Press, p.247.
17）　朝日新聞 2004.2.16。
　　　http://www.toonippo.co.jp/news＿/too/nto2004/0516/nto516-7.asp.

II
社会経済と地域システムの変容

1. 社会および経済システムの変容・再編成

　近年わが国において経済や産業の構造転換が進展し、業績悪化や営業不振に陥る企業が急増するなか、企業の倒産、またそのなかで不振企業や倒産企業を合併したり買収し事業を再生し、転売や株式公開で利益を得る企業再生ビジネスさえもが、アメリカ合衆国と同様展開しようとしている。

　事実 2003 年の場合、投資会社による M＆A は 147 件で、公表分 84 件の買収額は 7,500 億円を上回っている。もちろん外資系がその 3 分の 1[1] を占め、とりわけ大型買収ではそれが顕著である。このように構造転換が進展するなか、政府も、産業再生機構が、カネボウを支援する状況にみられるように、再編成化に関わらざるを得ない。

　このような構造転換の状況を、わが国の投資状況からみると、表 1-II-1 のように、近年業種部門別には製造業が、1990 年代前半には 47.6％とほぼ半数を占めるものから 2000 年代初期には 26.0％と 4 分の 1 を占めるに過ぎないものにまで大きく後退した。一方、非製造業部門、とりわけ金融・保険業は、2000 年代には 31％を、また情報化のもとで進展が著しい通信業が 23.3％を占める等、第 3 次産業化の進展に拍車をかけるものとなっている。

　このような状況のもと、2006 年における人口 67.5 万人の県庁所在都市、また新産業都市として製造業や建設業が展開する特徴をも併せ持つ岡山市においても、近年倒産が目立ち、その件数は、バブル期の 1990 年の 73 件が、1995 年には 173 件、2000 年には 238 件、2001 年には 248 件とピークに達した。近

表 1-Ⅱ-1　対内直接投資額の業種別割合の推移

単位：％

| 年度 | 製造業 | 非製造業 |||||||
		計	通信業	商事・貿易業	金融・保険業	サービス業	不動産業	その他
1990〜94	47.6	52.4	1.2	25.6	9.0	11.5	2.4	2.8
1995〜99	36.4	63.6	3.4	16.5	22.0	17.9	3.0	0.9
2000〜02	26.0	74.0	23.3	8.5	31.0	8.8	1.9	0.4

（資料：財務省「対内直接投資状況」より作成）

年倒産件数動向は減少化しつつあるが、2003年においても172件となお高いものとなっている。業種的には、バブル崩壊後公共投資により肥大化したがために行政投融資の縮小化のもとで縮小・再編成が著しい建設業が大きな割合を占めている。事実1999〜2003年における岡山市の5年間の累積倒産件数1,088件の業種別構成をみると、建設業が38％でトップを占めている。次いで、小売業が16％、製造業が15％、卸売業が13％、サービス業が11％と続くものとなっている。

しかも近年は、老舗の倒産化傾向も目立っている。事実、岡山市における倒産件数の業歴別構成をみると、1997〜99年の3か年においては、5年未満企業が占める比率は8％、5〜10年未満企業が占める比率は22％、10年以上企業が占める比率は70％を占めるものが、2001〜03年の3か年においては、5年未満企業が占める比率は4％、5〜10年未満企業が占める比率は10％、10年以上企業が占める比率は86％を占めるものへと変化している。とりわけ10年以上の歴史ある企業の倒産が目立っている。そこには、時代や社会の大きな変容のなかで、それに対応できない従来型の老舗の崩壊化という姿がみられる。

そのようなしわ寄せは、生物的・社会的弱者に、とりわけ障害者等にしわ寄せされる。実際近年、不況化で、企業経営が悪化するとともに、コスト削減化のもと、リストラや失業化、パートやフリーター化[2]が進展するなか、人材派遣業が大きく成長しているが、そのもとで、身障者の雇用への対応にも企業

間・業種間格差が進展しようとしている。障害者雇用率は、法的に1.8％の雇用が義務づけられているにもかかわらず、大阪労働局の在阪本社企業への調査では、2002年には1.5％にとどまり、59％の企業が法的に違反[3]するものとなっている。それは、力のある大企業とりわけ、金融やサービス業等部門に目立っている。近年取組みの成果がみられ改善化が著しい企業においても、例えば伊藤忠食品は2003年には前年比56％も増加したもののなお1.5％、高島屋は1.7％にとどまっている。違反企業では、障害者雇用促進法を犯し、不足人数分月当たり5万円をペナルティとして支払った方が得策と判断しているわけである。

　このように近年大きな産業構造の転換のもとで、頼りにしてきた会社や企業そのものもその存続すら覚束ない状況に陥っており、雇用形態もパート雇用や契約社員化がさらに進展する一方で、雇用者も、新入社員よろしく、大卒でも就職後3年間で3割が転職する状況となっている。これは、従来のように、会社で、ファミリーや組織の構成員として、うちの会社と称し自認して、滅私奉公よろしく、会社に心と体さえ捧げるつもりで、忠誠を誓い骨身を削って働いても、もはやかつてのように会社が拡大や発展をし、それは自分の心にも張りを持たせたり、時にはそのおこぼれと称し給料のアップや昇進となり自分も豊かさを一部享受できたりそう思える状況はもはや幻想としてさえ抱きがたいのみならず、企業は、リストラよろしくそのようには展開しないのはもちろん、会社さえいつまで存続するかどうかも定かではないからである。従来のように、会社人間になろうとしてもそのような人や組織や意識のある会社などあり得ない。従業員自らも、従来はスズメの涙で、会社の発展や会社の利益第一主義に疑問を抱くこともなく、また多くの場合仕方がないと諦めるよう飼い馴らされてきたが、彼ら自身ももはやそのような考えを捨て去ろうとしており、対応し得ない。そういう意味では、自分で起業し、自分自身が自立することも必要な状況となっているのである。

　事実味の素の元社員が、人工甘味料の製法の開発に対する正当な発明対価として20億円の支払いを求めた訴訟に対し、東京地裁も、会社にその発明対価として、不足分1.9億円を支払うよう命じる判決[4]を下したのである。

このような状況のもとで、フリーターやニートは、近年その数を大きく増大化させ、例えばフリーターは、1982年の50万人が2005年には201万人へと、またニートも2004年には52万人となっている。その増加要因については、野村総研の調査（2004年）[5]によると、不況等の経済状況を65%が、社会の変化を59%が、家庭を56%、学校教育を39%があげるものとなっている。無業者で求職活動の経験がない者が求職活動をしない理由に関しては、厚生労働省の2003年における調査[6]では、会社生活をうまくやっていく自信がないと34%が、健康上の理由を29%が、他にやりたいことがあると28%が、能力・適正にあった仕事がわからないが25%を占める等、自分自身がなお見いだせない状況がそこにはみえる。

　このように近年、従来の右肩上がりの展望がもはや産業、経済、社会構造的にも不可能な状況に陥り望み難いのみならず、人口も、国立社会保障・人口問題研究所の2002年推計では、2006年の1億2,774万人をピーク[7]に、また生産年齢人口も1996年以降減少に転じ、高齢者率は2050年には36%へと上昇する。したがって、国民医療費も2001年度の31兆円が2025年度には70兆円へ、介護給付費は5兆円から約20兆円[8]へと、また1人当たり医療費も、2025年度には団塊の世代が75歳以上の後期老齢者層に仲間入りするため、2002年度の1.5倍へと上昇[9]するわけである。

　このようなもと、これまで額に汗して働き世界屈指の豊かな社会を築き上げたにもかかわらず、不況とあいまって、それが十分享受でき感じられるものとはなっていない。老後に関しても、日興證券の既婚女性55〜69歳への調査[10]によると、退職後の生活を、楽しみとの回答は、アメリカ合衆国では59%と高いのに対し、日本では30%と低位に、一方、憂鬱との回答はアメリカ合衆国が9%と低位にとどまるのに対し、日本では24%と高いものとなっている。そこには、人生の成果としての老後を、十分評価し幸せを感じ享受できるかどうかに関して、日米両国間に大きな違いがみられ、それが両国の評価、姿勢や態度の違いとして現れているのである。

　もちろんこのような状況を呈するのは、日本ではバブル経済崩壊後の10年間に資産が大きく失われたためでもある。事実資産を国際的にみると、この期

に日米両国間で大きく逆転し、金融資産の平均保有額（2004年）は、アメリカ合衆国が4,725万円と高いのに対し、わが国は2,885万円と低位なものに陥っている。のみならず生活費としての収入も、公的年金・企業年金が占める割合が、アメリカ合衆国では66％とそれ以外にもあるのに対し、日本では86％と高く、それにのみ依存せざるを得ない。したがって、それを補うことにより、預貯金の取り崩しが、日本では67％と高い比率を示すのに対し、アメリカ合衆国では39％と低位のものにとどまる。つまり将来的にも収入や富の蓄積が楽しめ期待できる有価証券の利息や配当が収入に占める割合は、アメリカ合衆国では35％と高いのに対し、日本では5％と低位なものにとどまる。したがって、老後の評価に日米間に大きな違いがみられたのである。

しかも日本では、このような状況すらも、景気低迷が長引くなか、かつ社会状況的にも今後は年金の支給額の好転が期待し難いのならず、支給年齢の延期化やその縮小化さえ展開しようとしている。それらを背景として閉塞感や生活の貧困化を認識せざるを得ない状況からの影響が大きく、国民が描く夢は、旅行が日米両国ともにトップをなすが、アメリカ合衆国では73％と高いのに対し、日本では58％とより低位なものにとどまり、とくに夢がないとの回答も18％と高いものとなっている。

また将来を担う子供に対しても、わが国のそれを取り巻く社会状況は必ずしも芳しいものではない。2002年の厚生省の調査によると、カップルの子供の希望数は、2人が夫は46％、妻が42％、3人は夫が31％、妻が26％、また子供が1人のカップルは、あと1子を夫が74％、妻が70％を望んでいるのに対し、現実はそれをかなえることは難しく、同居10～11年で2.0人と、希望数を相当下回っているのが実状である。

その状況を出生率についてみると、地域的[11]には、30代前半の女性が働く、つまり女性の労働力率が高い、宮城、鳥取、島根、山形、熊本等、農村部地域で県民所得が必ずしも高位でない地域では、高水準にある。一方、奈良、大阪、神奈川、埼玉、千葉、兵庫等、県民所得が高く都市および都市近郊の労働力人口が50％前後と低位な地域で、また25～39歳男性が週60時間以上働く人の割合が高い地域では出生率が低位である。またここでは、女性労働力の

非正規化と、正社員の長時間労働化がみられる。また保育所の利用しやすさはプラス、家計に占める教養娯楽費の高さはマイナスに作用することも指摘されている。

　もちろんわが国は、貧困者といえども、世界的にはトップ水準の豊かさを享受できる国であるがゆえに、食料の大量輸入に象徴されるよう、世界から食材が集められるよう、食こそ最大の国民の関心事となっているのが実状である。豊かな時代ゆえに、必ずしも豊かでない人でも少なくとも小銭ぐらいは持ち合わせており、食、とりわけグルメ等という形で食に関われば、そこから上がる利益にも大きなものがある。事実全国の人気ラーメン店を集めた明石市に立地するフードテーマパーク「明石ラーメン波止場」は、2003年末にオープンして以来、たった93日で年間目標来場者数100万人を、2004年のそれは300万人を突破[12]したのである。

　このような状況を背景に、小銭さえねらう180円ラーメン[13]に象徴される激安店も展開している。もちろんそこには、十分競争にさらされていないニッチともいえる市場が存在しているのである。180円のラーメン店が成り立つには、それなりの理由がある。ラーメンの原価は42円であり、それ以上であれば基本的にはその展開や存続は成り立つ。しかもラーメンを食べる客（また逆に出店者）にとって重要なのは、この価格がラーメン屋として認め入店しそれに金を支払うに値すると評価できるかどうかが課題である。そういう意味ではとりわけ出店者側にとって、麺量、それが満足に値するかどうかは問題ではない。普通のラーメン店では価格は390円であるがゆえに、180円という低価格は受けるのである。しかし180円ラーメンは麺量が130gで、普通の180gのものとは異なり、腹持ちが悪く、満足感が得られない。その分、客は他のものを注文するわけで、そのためのメニューは当然用意されている。客が割安感を抱き、そのように志向するがゆえに、180円ラーメンの魅力があるわけである。このような戦略は、何もラーメンに限られたものではない。昔から広告を打つのは、宣伝効果、とくに低価格感を意識させ、集客化を図るとともに購買意欲つまりチラシ商品だけでなく他のものが買われることが想定されているからである。しかもチラシ商品の納入やそのための負担は、納入業者やメーカー

に転嫁される。

　このように、グルメ志向のもとで外食産業やサービス業が展開する状況下にあり、そこでは資本の論理よろしく利益そのものだけを目的に、他をも欺き利用するものまで後を絶たない。食品さらに建物の偽装問題はまさにこれに当たる。産地の偽装のみならず、原料や成分の偽装、さらには食品のみならずマンションやホテルよろしく建物の安全性まで偽装して売るものまでみられる。

　事実、2003年7月に島根県の卸売会社が、輸入中国産シジミに宍道湖産シジミを混ぜ、宍道湖産ヤマトシジミと称して金沢市市場に卸し、島根県警出雲署に関係者が逮捕される事件が生じた。これは、国内産シジミが開発に伴い激減するなか、輸入シジミ量が国産シジミ量を上回り、国産シジミがブランド化し、内外の価格差（1kg当たり卸売価格は、宍道湖産が数百円に対し中国産は200円前後[14]）が大きいためである。このような偽装問題が後を絶たないのは、それが組織的に行われ、表面化せず続くのみならず、それが表面化しても、罰金をはじめとしてそれによる企業や資本の経済的損失（や社会的損失）は軽微なものにとどまると判断されているからに他ならない。

　また野菜産地の偽装問題としては、大阪港埠頭ターミナルで、米国産ブロッコリと称して中国産ブロッコリを偽装化することが組織的に展開[15]され、それによる付加価値化が図られた事件があげられる。

　しかもこのような食品の偽装事件の状況については、従前はアプリオリに問題とされなかったものに加え、近年は従来の状況を打ち砕くものも散見される等、もはやこれまでの常識など通用しない状況も後を絶たない。そこには、資本の論理のみならず、悪徳商法そのものの論理が恥ずかしげもなくまかり通る状況があまりにも多く、産地や商品の偽装のみならず、消費者がそれに踊らされる状況がみられる。デパートやスーパーで客引きパンダとしての評価が高い北海道をはじめとする各県の物産展が、実は産地とはほど遠い地域の業者によって担われ販売されている実態はまさにそれに当たる。他と比較して、販売において最も安心でき信頼できるものとされ、贈答部門等でその信用を得てきたデパートにおいてさえ、その常識を大きく覆す実態がみられるのである。

　このように企業や資本が不正を志向する状況や論理は、他の部門や分野にも

それを増す形でみられる。例えば、東京のレインボーブリッジ、明石海峡大橋等の建設に関わってきた橋梁メーカーの談合が公正取引委員会により摘発されたのはこれに当たる。もちろん近年、談合がなお続きそれが明るみに出る状況が続くなか、2005年の改正により、独占禁止法に基づき談合に課せられるペナルティ、すなわち課徴金も6%から10%（倍増への引き上げに対する財界の反対で妥協した結果）に引き上げられ、2006年から実施される。これまで入札談合で立ち入り検査が行われた後には、落札価格は平均で18%も下落[16]した。したがって、2005年のこの改正も、改正された課徴金水準では、従来の談合をペナルティ的に容認し勧めるものに他ならない。

それは、組織構造論的にみると、組織自体が組織内の悪の構造を断ち切れないのはもちろん、むしろそれを温存し存続させようと機能する構造を、組織的・人事的に持つからである。これは、何も利潤追求を旨とせざるを得ない企業にとどまらない。それは、大学等においても同様にみられるのみならず、利益や収益性が問われない状況下ではことさらそうなりがちである。人を育てるという機能を託され教育機関と目されるがゆえに、独立行政法人国立大学に改正された法人化後にまで税が多く注がれる状況があれば、なおそれは大きな課題である。

もちろんそこには、それに耐え切れない人や組織や論理も存在するし、それなくしては時代が変容するなかでは組織自身も存続し得ない。したがって、時には、内部告発が必然的に生じざるを得ないわけである。不正や時には不正入試までも、例えばO大よろしく個人や組織としてそれをなきものにしようとするが、倫理観や正義感があればまたそれが強ければ強いだけ、またその矛盾が人や組織に、また社会にとって大きければ大きいほど、組織また体制や権力がそれらを周辺に追いやればやるほど、志向的にも論理的にもそうせざるを得ない。

政治の状況にはさらにひどいものがある。自分自身が作り、そのもとで組織として存続し展開しているはずの法や規則さえ、時には公然と破られるのである。実際衆議院や参議院議員選挙にみられるように、選挙民1人当たりの1票の権利や価値も、政治家、政党や組織の権力者の利害とその論理のもとで、大

きく損なわれてきたのが実状である。選挙民の1票当たりの重み、つまり成立当時ほぼ平等であった選挙民何人に対して国会議員1人が割り当てられるのかが、わが国の社会状況の変化とくに人口移動を伴った人口の増減により、選挙区ごとの人口にアンバランスが生じたにもかかわらず、法、すなわち公職選挙法によって定められた是正、つまり間近に行われた国勢調査結果に基づいて選挙権の不平等を是正することを旨とするという原則が、権力者の都合、すなわち自民党政権とその支持・賛同者の不利益に関わるがゆえに、ことさら無視し放置されたまま行われてきた。事実2001年に実施された参議院選挙では、その格差は最大5.06倍にも達し、そのような選挙は無効であるとの訴訟が4件起こされた。しかし最高裁は、1票の格差が5.06倍であっても2004年になお合憲（15人中9裁判官が合憲、6人が違憲）[17]とせざるを得ないところに、政府や国の本質とその意向、また三権分立と称する機能と役割を担わされている裁判所そのものが本来の役割を発揮し切れない状況と、そのもとでしか機能し得ない状況をまさしく示すのである。制度やその管理・運営が如何に歪んでいても、歪まずまた時には許容範囲と言い張り、またそれが多く（少なくとも議席的には過半数）の国民に容認し支持され、変革へとは一向に転じて行かないほど事態は深刻なわけである。

　個々また組織も、それ自体の論理のもとで権利や主張を展開するとともにそのなかに埋没し、方向性を見いだし得ず、多くの場合他人や他の組織、さらには社会や地域全体が、豊かさに結びつくように方向づけ得ず、豊かさを享受できない状況とそのジレンマに陥っている。個人や企業、組織や社会も、成熟した無駄のない社会のなかで富や豊かさを享受できる人材や組織への、また産業構造や社会構造や地域システムへの転換が必要である。

　それは、近年縮小・再生産やそのもとでの再編成がとりわけ地方に展開するなかで、高齢者や女性への対処や対策等が、雇用や介護・福祉という形で、新たな回答を求めている。それには、年金制度にみられるように、その綻びが覆いがたい状況のもとでは、富の再配分や新たな負担を含めて、新たな方向づけに耐えられる税や制度等への舵取りと、そのための対策や政策を推進していくことが必要である。そのためにも新たな社会へ向けた人材の育成、組織づくり

や社会資本の充実が欠かせない。

2. 地域システムの変容・再編成

　近年社会状況が大きく変容するのみならず、そのスピードも早まっており、国土づくりやその計画づくりも、すぐに現実との間に大きなずれが生じて時代や社会状況に適わぬものとなり、従来のようにはそれへ対応し切れず、功を奏しないのが実状である。これまでとは違った新たな国土計画づくりが求められるのはこのためである。

　ちなみにこれまでわが国で実施された全国総合開発計画を振り返ると、1962年の全国総合開発計画以来、1969年の新全国総合開発計画、1977年の第3次全国総合開発計画、1987年の第4次全国総合開発計画、1998年の第5次全国総合開発計画と5次にわたり展開され、そこでは、大略「国土の均衡ある発展」や「地域間格差の是正」等の目標を掲げながら、豊かさや繁栄を図るべく、経済大国のための産業基盤[18]や国土基盤づくりが推進されてきた。しかし、国際化の進展のもと、わが国の経済や社会状況も大きく変容・再編成されたのに加え、開発を推進すべき状況にある財政も大きく変容・悪化し、また人口の高齢化や停滞・減少化が地域的特徴を伴いながらも顕在化し、それへの対応をも迫られ、全国の地域開発の法的根拠であった国土総合開発法はついに廃止される方向に至った。

　今後の国土計画については、東アジア経済圏等の国際的連携、また地域特性に応じた都市整備や広域生活圏の形成等の国土づくりやその整備等を方向づける全国計画と、画一化を避けるための広域計画[19]とからなっている。またそれは、社会資本の整備は、新たにハコモノの建設事業が展開されるのを避け、従来の道路や建物等の資産を有効活用するとの考えを基本理念とするものへと大きく変化している。またそこには、自治体の意見や修正を盛り込めるものとなっている。なぜならこれまでの開発や開発計画をみると、外部機関による評価、また国民や住民の参加という視点が欠けていただけに、それらを活用した修正や意見を盛り込むことも、必要で重要な課題となっているからである。

これは何も国土開発に限られるものではない。事実、例えば岡山県玉野市では、宇野港にみられるように、かつては四国への連絡船発着等交通の拠点としての機能や玉地区の三井造船や日比地区の三井精錬所等の地域産業が、瀬戸大橋の開通や産業構造の転換のなかでその重要性を失い斜陽・衰退化し、地域経済が変容・再編成されるなか、新たな地域開発、つまり海洋観光都市建設の目玉として、宇高連絡船用跡地に大型テーマパーク「スペイン村」を建設するという構想が展開されようとした。1988年に設立され第3セクター（玉野市および岡山県の出資は3億円および2億円）方式で展開されようとした事業がこれに当たる。この開発は、バブル経済崩壊後の大きな状況変化も加わり、事業を展開できず、53億円で入手した土地5.1万m²は、5度の計画延長により17年間未利用のまま放置され、雑草の楽園としての役割は果たしたものの、20億円で売却する形で、2005年に解散[20]せざるを得なかった。これは、挫折感と行政への不信感をも惹起したのみならず、金銭的にも市民や県民に大きな負担を強いることとなった。

玉野市にみられるように、近年農林漁業や鉱山業、また重厚長大型の素材型産業が展開する地方の農山村地域、企業城下町、またそれに依拠してきた地方小都市等では、産業的に構造的不況業種が展開する地域として斜陽・衰退化は否めず、都市、とりわけ地方小都市のみならず、各県や地方の中心でもある県庁所在都市や中核市においても、中心商店街の空洞・衰退化は著しい状況を呈している。例えば、2005年の人口が47.5万人の倉敷市においても、2005年にはついに百貨店が撤退せざるを得ないほど中心商店街の斜陽・衰退化は著しく、駅前商店街の空き店舗率は30％以上という深刻な状況[21]さえみられる。

このようななか、新たな試みもみられる。例えば富山市においては、空き店舗を利用するチャレンジショップ事業「フリークポケット」により、中央通り商店街の活性化が図られ、空き店舗がほぼ解消化する状況[22]を呈している。そこには、新たな試みを展開するための知恵や工夫と、またそれ支える人や組織がみられるのである。

以上みたように、近年の社会経済および地域システムの大きな変容・再編成化により、わが国の産業は、大略すれば第3次産業やとくにサービス産業化が

著しく、もはや、もの、人、情報、金の従来のような地域内循環システムが成り立たないもの[23]となっている。かつては原料購入者等が廃棄物を回収したり購入して原料に戻してもいたが、もはや産業や地域内に、それを補完したり循環させる等リサイクルさせる仕組みが存在せず、リサイクル産業を新たに展開せざる得ない。これは、他や他地域、とくに海外への依存を強め、循環やリサイクルが地域内に成り立ち難い都市型産業や都市地域に典型的にみられる。つまりそこでは、地域内や国内に廃棄物等を肥料や原料として循環させる農業や工業等産業や中古・リサイクル市場システムが従来とは異なり成り立ち難いからである。

　このような状況のもとで、わが国の港湾・臨海部地域や農山村地域が、廃棄物やゴミ処分場地域として一定の役割を果たしてきたが、それも困難化しており、海外、つまり人材的また市場的に修理やメンテナンス機能が充実して中古市場が成立し展開し得る海外、とりわけ世界都市とその周辺地域、また農山漁村地域がその処理地域と位置づけられようとしている。

　もちろんかつては、食品加工業から出るビールカスが愛知県大府市において酪農家の多頭化の展開[24]、漁業廃棄物の魚のアラが愛知県高浜市における養鶏業の展開[25]に重要な役割を果たしてきた。また良質な水と美林日田杉で名高い大分県日田市は、水の郷100選に選ばれたように山紫水明の環境に恵まれた都市で、森林田園都市づくりを掲げ、環境都市（1999年に地球環境大賞「優秀環境自治体」）の実現をめざすがゆえに、環境保全型の企業誘致をしており、環境を意識した優良企業サッポロビール工場が進出している。この工場は、ISO14001を2001年に取得した企業で、工場で発生し排出されるモルトフードやビールカスは、大分県酪農組合の協力のもとで、県下一円の酪農家が飼料として100％利用する等、副産物や廃棄物の100％の資源化[26]に取り組んでいる。

注
1)　朝日新聞 2003.2.29。
2)　藤田栄史（2005）：「若者層の就労状況と労働社会学」日本労働社会学会編集委員会『若

年労働者』東信堂、pp.49 〜 55。
3) 労働省編（1995）:『日本の労働政策1995年版』労働基準調査会、pp.63 〜 64。
拙著（1997）:『世界の雇用問題』大明堂、pp.127 〜 128。
内閣府編（2002）:『国民生活白書2003年版』ぎょうせい、p.21。
朝日新聞2004.2.23。
4) 朝日新聞2004.2.25。
5) 内閣府編（2002）:『国民生活白書2003年版』ぎょうせい、pp.77 〜 91。
フリーター実態報告2003！ http://www.rinsan.nu/an/kiji/free.html.2004.7.7.
拙著（2004）:『地域再生へのアプローチ－環境か破滅か－』古今書院、pp.20 〜 22。
朝日新聞2005.5.5。
6) 厚生労働省監修（2003）:『厚生労働白書2004年版』ぎょうせい、p.239。
朝日新聞2005.5.5。
7) 矢野恒太記念会編（2003）:『日本国勢図絵2003/4年版』矢野恒太記念会、p.46。
8) 厚生統計協会（2002）:『国民衛生の動向・厚生の指標 2002・768号』厚生統計協会、p.225。
朝日新聞2003.12.30。
矢野恒太記念会編（2004）:『日本国勢図絵2004/5年版』矢野恒太記念会、p.480。
拙著（2004）:『地域再生へのアプローチ－環境か破滅か－』古今書院、pp.29 〜 30。
厚生労働省監修（2004）:『厚生労働白書2004年版』ぎょうせい、p.239。
9) 内閣府編（2005）:『経済財政白書2005年版』国立印刷局、pp.224 〜 226。
10) 朝日新聞2004.2.26。
11) 朝日新聞2005.7.30。
12) 朝日新聞2004.3.7。
http://www.walkerplus.com/ramen/clumn2/2005/09/12.
13) http://www.rate.livedoor.biz/archives/4292219.html.2005/09/22.
14) 朝日新聞2003.8.2。
http://www.sijimi-jab.jp/sijimi＿gyogyo.html/2005/09/12.
15) 朝日新聞2004.8.1。
http://news.goo.ne.jp/news/kyoudo/2004/11/20.
16) 朝日新聞2005.5.24。
17) 拙著（1991）:『国際化と地域経済の変容』古今書院、pp.189 〜 201。
朝日新聞2004.1.15。
18) 拙著（2002）:『開発か環境か』大明堂、pp.98 〜 117。
朝野弥三一（2005）:「国土開発50年大都市と地方・農山村の変貌」奈良大地理第11号、pp.13 〜 39。
19) 朝日新聞2005.2.23。

20) 朝日新聞 2005.5.24。
　　http://www.mes.co.jp/investor/ir-news/2005/pdf/20050603.pdf.
21) 拙著（2001）:『破滅か再生か－環境と地域の再生問題－』大明堂、p.190。
22) 遠州敦子（2004）:「市町村合併の中で問われるまちづくり」日本の科学者 Vol.39、pp.302～304。
23) 拙著（1999）:『開発か環境か－地域開発と環境問題－』大明堂、pp.19～34。
24) 拙稿（1984）:「愛知県における酪農業の展開」名古屋大学文学部研究論集史学 30、pp.119～152。
25) 拙稿（1986）:「都市近郊地域における養鶏業の展開とその成立条件」経済地理学年報第 32 巻第 1 号、pp.56～68。
26) 前掲注 21) 著書、pp.107～118。

III

社会・地域経済の再生と新たな社会および地域システム

　近年、国際化が進展し、タイの通貨危機にみられるように、資金やそれを動かす資本が国家をも揺るがしかねない状況が世界的規模で展開するなか、新たな経済や社会また地域システムに新たな方向を見いだそうとする動きもみられる。これは、社会またとりわけ地域システムが大きく変容し、地域システム的には従来の地域内循環が重要な役割を果たしていたものから、地域外システムとの間の循環が重要なものへと大きく変化したからである。産業的循環、例えば農産物・工業製品・廃棄物の循環にみられるように、農業・工業・商業・消費・環境産業的循環、また家庭や市民生活、さらに地域的な循環システムが、これまでの農家にみられるように、自家内や自所有地内、また自地域内生産・消費・廃棄・処理を旨とした循環システムを取っていたものから、自分や家族また自分の所有地や農地内で生産・消費・廃棄・処理し切れず、他人の労力や土地への依存や寄生なくしては、また他地域でも処分できずその協力さえ得られないほど多量に生産・消費・排出しているものへと大きく変容し、それへの対応が大きな課題となっているのである。

　このような状況のなか、商店街や地域の活性化を、従来の図式とは違う形で図ろうとする動きもみられる。これは、国際化のなかで、従来のシステムはもはや充分機能せず、とりわけ地方および地方経済の停滞・衰退化が顕在化するなか、地方中小都市とりわけその商店街の斜陽化が進展し、商店街や地域経済を活性化する方策が必要とされているからである。近年新たな役割を担うものとして期待されている地域通貨[1]も、その一端を担うものである。

　例えば1998年に展開し出した滋賀県草津市のおうみ[2]、徳島県木頭町の

ゆーず、長野県駒ヶ根市電子マネーシステム「つれてってカード」をはじめとする地域通貨はこれに当たる。このような地域通貨は、世界でおよそ 2,000 地域（例えば米国ミネソタ州のコミュニティサービスダラー）、国内で 140 地域[3]に展開している。

地域通貨おおみ委員会（2002 年 NPO 法人として認証）は、滋賀県や草津市商店街連盟と連携し、まちづくりのツールである地域通貨おうみ（正会員と一部ユーザーの相互交流のツール）およびおうみありがとう券（宿場まつり・本陣土曜市で発行）の循環事業（会員の拡充とサービス交換の促進、活動交流拠点「ひとの駅」でおうみマーケットを常設、サービスリストの整備とコーディネート機能の強化、やさいくるプロジェクト（守山ステーション事業）の実施等）を展開している。

地域通貨は、社会的に必要な環境や伝統やボランティア活動等市場で展開しにくい価値を支えるツールであり、地域コミュニティで循環し、そこには人（人・もの・情報等の地域の宝物）との結びつきと、とくにおうみの場合はありがとうという気持ちを形にしようとするものである。おうみは、会員内で流通するものであり、ユーザー登録に年会費 500 円（5 おうみ）、正会員登録には年会費 1 万円（100 おうみ）、おうみファンド（市民活動の支援や福祉・環境・ボランティア促進などコミュニティの活性化や地域の持続的発展に寄与する事業に対して寄付し、地域活性化、地域通貨事業の運営および利用促進、各種プロジェクトに活用）への寄付に対して発行される。

おうみ（コミュニティを支えるための寄付金 100 円に対するお礼として 1 おうみが発行される）には、1 おうみと 10 おうみのカードがあり、1 おうみ＝ 100 円の社会的価値がある。1 件 90 分のサービスに 10 おうみが支払われる。また料金の 1 割まで全国各地の地域通貨も使用できる。

また徳島県木頭村では、地域通貨ゆーず（有効期限付きの印刷されたお札かポイントカード）が、柚子の里の地域経済の活性化のために活用されている。この地域通貨ゆーずは、ゆーず事務局によって発行される。きとうむらの株主および協力金支援者には、株および協力金 1 口当たり 300 円/年分のゆーずが送付される。また特別発行手数料（10%）で、現金をゆーず（1,000 円を

900us）に交換できる。

　この地域通貨は、きとうむらが、柚子や農産物の管理、選定、収穫などの作業料として、生産者のネットワークである里業ランド木頭村を通じて支払う他、柚子の価格変動の調整にも使われる。またこの地域通貨ゆーずは、きとうむら直営店「よいしょきとうむら」をはじめとして、ゆーず協力店10店舗以上、きとうむらの商品を置いている店で使用[4]できる。

　また木頭村では、地域通貨体験ツアー「木頭村でゆーずを体験しよう」と題し、参加費1万円で、食事、宿泊など、都会でできない田舎暮らしを通じ木頭村の人と文化に触れる企画が展開され、都市民の村内への呼び込みによる都市との交流や地域の活性化も試みられている。

　また人口68万人の岡山市でも、2003年に、中四国有数のアーケードモールである中心商店街表町商店街で、産・学・官・民一体という形で商店街の活性化によるまちづくりを図るべく、地域通貨サーフィス（1サーフィス1円）が、表町商店街80店舗[5]で試験的に試みられた。

　もちろんこのような状況のなか、時代と社会状況にあった形での地域の再編成化への動きが行政にもみられる。近年財政の悪化のもとで、財政の再建化や合理化が緊急の課題であり、それらを背景に市町村合併が急速に行われようとしている[6]のもこのためである。これは、近年の社会状況と、またそのもとでの制度上、とりわけ財政状況の歪みを背景とするものである。なかでも国と地方の財源配分とその業務配分との歪みとそれをもたらす背景や矛盾の表れでもある。

　事実図1-Ⅲ-1にみられるように、2002年の場合、国民からの租税総額79.2兆円中国税は45.8兆円であるのに対し、地方税は33.4兆円と低位で、財源における国と地方との比率は58：42と国に手厚い仕組みとなっている。一方、業務遂行に必要な歳出については、国の歳出が57.5兆円であるのに対し、地方の歳出は93.4兆円と、国対地方の比率は38：62と地方が大きな責任と負担を担うものとなっている。仕事を抱える地方にそれを遂行すべき税が入らない仕組みや構造がそこにはみられるのである。

Ⅲ 社会・地域経済の再生と新たな社会および地域システム　27

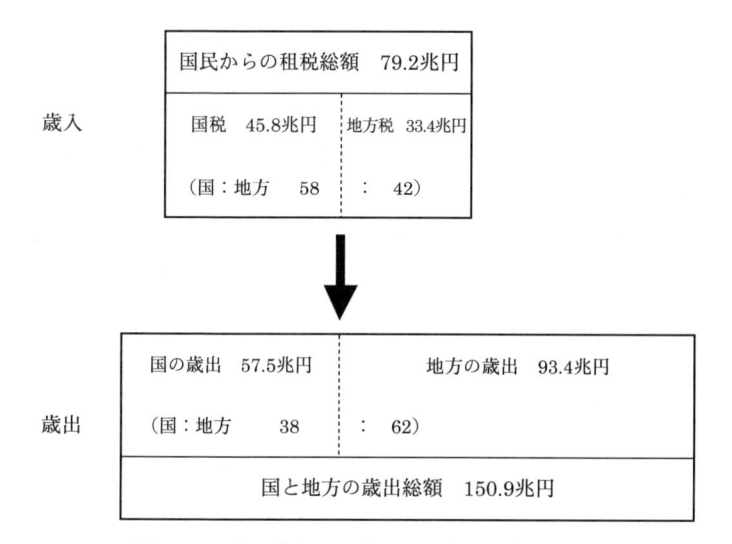

```
             ┌─────────────────────────────────────┐
             │   国民からの租税総額　79.2兆円        │
             │  ┌──────────────┬──────────────┐   │
    歳入     │  │ 国税 45.8兆円 │ 地方税 33.4兆円│   │
             │  │              │              │   │
             │  │ （国：地方   58 ：   42）    │   │
             │  └──────────────┴──────────────┘   │
             └─────────────────────────────────────┘
                              ↓

             ┌─────────────────────────────────────┐
             │  ┌──────────────┬──────────────┐   │
    歳出     │  │国の歳出57.5兆円│ 地方の歳出93.4兆円│
             │  │              │              │   │
             │  │ （国：地方   38 ：   62）    │   │
             │  └──────────────┴──────────────┘   │
             │   国と地方の歳出総額　150.9兆円      │
             └─────────────────────────────────────┘
```

図1-Ⅲ-1　国・地方間の財源分配（2002年度）
（資料：『地方財政の状況』ぎょうせい、2004より作成）

　しかもその仕事は、図1-Ⅲ-2にみられるように、地域住民や国民の生活に欠かせないものである。歳出を目的別にみると、児童福祉や介護等の老人福祉や生活保護等に関わる民生費が15.5％、都市計画や道路・橋梁、公営住宅等に関わる国土開発費が14.4％、学校教育費が10.6％、総務費・議会費等が8.1％と目立つものとなっている。

　またそれを国と地方の負担別にみると、地方の割合は、保険所やゴミ・し尿処理等に関わる衛生費では95％を占めるのを筆頭にして、幼稚園や小・中学校等の学校教育費では87％、公民館、図書館、博物館等の社会教育費では85％、司法警察消防費では80％、戸籍や住民基本台帳等にも関わる総務費・議会費等では77％、国土開発費では72％、河川海岸に関わる国土保全費では64％等を占めるものとなっている。したがって、地方では、その負担に耐えるためにも必然的に借金を、国に依存する形で強いられるわけでもある。

　もちろんそれは、わが国の富の形成と配分における地域間問題でもある。したがって、それはまた、民間部門すなわち企業や家計部門等の都市とりわけ大都市やなかでも世界都市での展開と地方での貧弱な展開と配分に関わるがため

目的別歳出の割合	地方の割合	国の割合
衛生費　4.5%	（保健所、ごみ・し尿処理等）　95%	5%
学校教育費　10.6%	（小・中学校、幼稚園等）　87%	13%
社会教育費等　2.9%	（公民館、図書館、博物館等）　85%	15%
司法警察消防費　4.3%	80%	20%
総務費・議会費等　8.1%	（戸籍、住民基本台帳等）　77%	23%
国土開発費　14.4%	（都市計画、道路・橋りょう、公営住宅等）　72%	28%
国土保全費　2.5%	河川海岸　64%	36%
民生費　15.5%	（児童福祉、介護などの老人福祉、生活保護等）　63%	37%
商工費　5.6%	58%	42%
災害復旧費等　0.4%	56%	44%
農林水産業費　2.1%	54%	46%
住宅費	54%	46%
民生費のうち年金関係　3.7%	100%	
防衛費　3.3%	100%	

図1-Ⅲ-2　国と地方の主な目的別歳出の割合（2002年度）
（資料：『地方財政の状況』ぎょうせい、2004より作成）

に、国が握る政府部門が多くの場合、ヒモ付きという形で地方へ再配分されることをも意味するのである。事実国内支出をみると、2002年度の場合、図1-Ⅲ-3にみられるように、総支出498兆円の内訳は、家計部門の61％等の民間部門が75％を占めるのに対し、地方が13％を占める政府部門が24％を占めているのである。

国内総支出（名目）
497兆6,466億円

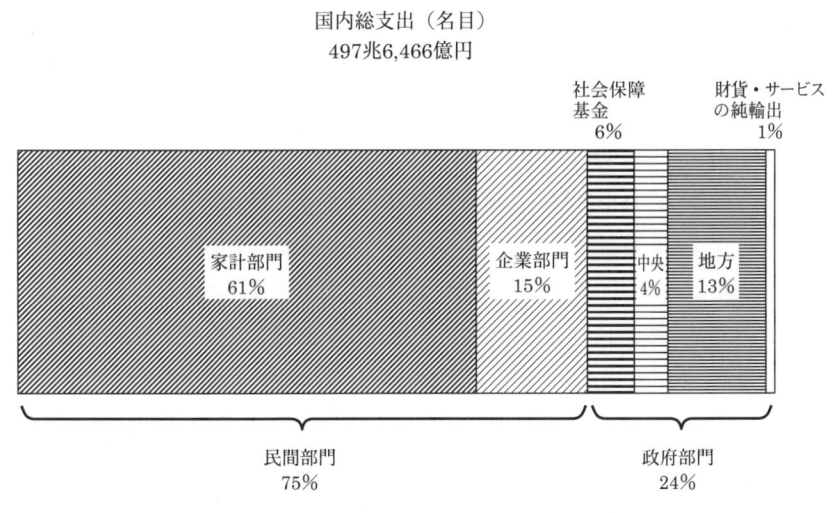

| 家計部門 61% | 企業部門 15% | 中央 4% | 地方 13% | 社会保障基金 6% | 財貨・サービスの純輸出 1% |

民間部門 75%　　政府部門 24%

図1-Ⅲ-3　国内総支出と国と地方の財政割合（2002年度）
（資料：『地方財政の状況』ぎょうせい、2004より作成）

　以上のような状況をも背景に、近年、市町村合併が急速に進展しているが、一部とはいえそれとは異なる新たな試みもみられる。例えば、同じ市町村合併といっても、2000年の人口が5,004人の熊本県宮原町では、2003年に八代地域市町村合併協議会を離脱し、隣接する竜北町との2町合併という小規模合併で、2002年に議決した住民主体の総合的なまちづくり条例をも掲げながら、総力をあげて多様な機能を集積・活性化させるための地域自治型コミュニティを形成・展開していくまちづくりを推進[7]しようとしている。
　一方、少数とはいえ合併に頼らず、自立したまちづくりを展開しようとする動きもみられる。長野県最北端に位置し新潟県との県境をなす豪雪地帯の人口

2,571人（2005年）の過疎の村栄村はこの好例である。ここでは、これまでの補助事業をはじめとして、公共事業に典型的にみられる国や県等のお仕着せ型の事業ではなく、自分たちや村独自のものさしで、しかも住民と共同する形で、合理的で理にかない、しかも無駄がないため極めて安上がりで、自分たちの必要性と身の丈にあったサービスを提供[8]する等、これまでにない時代と社会にあった新たなむらづくりを展開している。

また従来の経済を中心としたものとは別の、自然や景観、歴史や文化、環境を活かす形での地域づくりやまちづくりもみられる。例えば、東紀州地域では、歴史的文化的資源である熊野古道を、旧環境庁の「近畿自然歩道整備事業」、文化庁の「歴史の道整備事業」、また三重県の「ふるさとおこし支援事業」を利用しながら、各市町村が広域的に協力する形で、整備修復化が進められている。これは、来訪者が増えるという成果[9]を展開しつつあり、これによる集客化・観光化、さらに地域の活性化や地域づくりが図られようとしている。

また山間の2006年人口が7,395人の過疎化が進展するまちである徳島県神山町では、「クリーンアップ神山」と称せられるユニークな美化清掃活動が展開されている。この活動は、「アドプト・プログラム」によって道路管理を行うという取組みで、わが国では1998年にはじめて神山町で開始された。16団体が国道・県道29kmとその周辺のゴミや散乱物の除去を中心とした清掃活動、また草刈りや植栽等を、年6回行うというものである。これは、実施や支援する団体や企業のイメージアップ、ゴミ収集費用の節約、住民の意識向上、また町としてのイメージアップ、さらに観光面での効果等も期待して実施されるものである。これは、住民・企業・行政が一体となった共同事業として展開され、その効用が注目[10]されるものでもある。

注

1）　西部忠（2002）：『地域通貨をしろう』岩波書店、pp.26〜62。
2）　http://www.kaikaku21.com/ohmi/ohmi.htm.2005.6.30.
3）　前掲注2）資料。
　　廣田裕之（2005）：『地域通貨入門』アルテ、pp.1〜190。
4）　http://www.3.ocn.ne.jp/~kitoumura/use.htm.2005.6.30.

「「ゆーず」にみる地域通貨とエコツーリズムの新たな展開」人間と環境 29 巻 1 号、pp.2 〜 11。

5）http://www.dbj.go.jp/chugoku/report/pdf/2003.07.30.
6）内閣府編（2005）：『経済財政白書 2005 年版』国立印刷局、pp.163 〜 179。
7）岩本剛（2004）：「自治型コミュニティ形成を目指す小規模合併」季刊まちづくり 2、pp.71 〜 77。
　笠原浩（2005）：「自立を選択した町村の、これからのまちづくり」住民と自治 508、pp.52 〜 55。
　初村尤而（2005）：「住民がつくる自治体自立計画第 1 回」住民と自治 501、pp.58 〜 63。
　初村尤而（2005）：「住民がつくる自治体自立計画第 2 回」住民と自治 502、pp.52 〜 56。
8）竹下登志成（2004）：「身の丈にあったサービスと経済循環のしくみづくり」日本の科学者 Vol.39、pp.305 〜 307。
　本誌編集部（2002）：「「合併しない宣言」をした町」住民と自治 465、pp.34 〜 37。
　高橋彦芳・岡田知弘（2002）：『自立をめざす村』自治体研究社、pp.1 〜 106。
　小林三喜男・竹下登志成（2004）：『「農を以て」自立をめざす町・津南』自治体研究社、pp.1 〜 88。
9）農山漁村新生研究会編（2002）：『地域への提言』ぎょうせい、pp.93 〜 94。
10）前掲注 7）著書、pp.104 〜 106。

第 2 編

国際化時代の環境問題

I
環境問題の状況

　近年環境問題は、国内の1地域の地域的課題であるのみならず、国際的、地球的課題の様相を呈している。これは、地球規模でのCO_2の増大化のもとで温暖化が進展し、氷河の後退や太平洋地域での国土の水没化が進展するなか、京都議定書が発効するものの、とりわけ先進国と開発途上国間、なかでも大国の主張が一致をみないなか、温暖化防止のための合意、政策の展開とくにその実施が困難な様相を呈するからである。

　またわが国においても、水俣病や四日市公害に典型的にみられるような深刻な公害・環境問題を被ったにもかかわらず、なお環境問題への配慮のなさはもちろん、その無策ぶりには閉口せざるを得ない状況も後を絶たない。事実従来型ともいえる産業公害も今なお後を絶たず、和歌山県海南市では、化学製造会社S社工場の排水から、環境基準値の56倍の1ℓ当たり2,800ピコgのダイオキシンが、また海南市沿岸の一部海域からも基準値を超える値が検出[1]された。

　もちろん遅れていたダイオキシン対策も近年展開しだし、その排出基準も大きく改善され、市町村が運営する一般廃棄物焼却施設のダイオキシン基準は、2002年12月以降、排ガス1m³当たり既存の施設は80ナノg以下から1～10ナノg以下に、また新規施設は0.1～5ナノg以下に強化された。

　これは、発ガン性が指摘される猛毒物質ダイオキシンが広く使用されてきた結果、地球上で広範にその汚染状況が明らかとなっているからに他ならない。例えば、ダイオキシンのTDI（毎日一生涯食べても健康に影響されないとされる1日の摂取量）は体重1kg当たり4ピコgとされ、日本人が食品や空気等から1日摂取している平均量は体重1kg当たり1.5ピコgであるが、わが国の重要なタンパク源で近年刺身や寿司としても人気の高い魚介類についても、脂の乗っ

た魚、また大都市周辺地域海域、さらに肉食の、かつ、また海底部に生息する魚介類等では、その濃度は高水準のものがみられる。

　水産庁の調査[2]によると、1g当たり含有量は、魚介類93種の結果は平均濃度が1g当たり0.75ピコgであるのに対し、アメリカ合衆国沖の輸入クロマグロが10.1ピコg等海外でも高いし、また国内なかでも東京湾のスズキが6.5ピコg、大阪湾のコノシロが9.1ピコg、瀬戸内海東部のアナゴが8.3ピコg等内海で、また外洋の関東沖のカジキでも6.7ピコg等と高濃度を示し、国の安全基準を大きく上回っていた。しかも懸念されるのは、ダイオキシン類の2003年度における実態調査で、PCDD（ポリ塩化ジベンゾーパラージオキシン）、PCDF（ポリ塩化ジベンゾフラン）、Co-PCB（コプラナーPCB）の毒性において、沿岸域および沖合の国産水産物の数値が、遠洋・輸入ものに比して高い値[3]を示している点である。

　もちろんダイオキシンの排出源については、その約8割以上がゴミの焼却に由来し、例えば2002年の場合、わが国におけるダイオキシン類の排出量944〜970g－TEQ中一般廃棄物焼却施設から38〜39％が、産業廃棄物焼却施設から27〜28％が、小型廃棄物焼却炉から12〜14％が、産業系排出源から20％が排出されている。またダイオキシン類は、主として大気中に放出され、その9割以上が食べ物、とくに魚介類（8割）[4]を介して人間に摂取される。

　このような状況のもとでダイオキシン対策、とくにその基準値の強化に伴い、新基準を達成できない一般廃棄物処理施設の3割に当たる509施設が廃止される運び[5]となった。したがって、施設の整備や新設等が財政的な課題からも対処し得ない市町村が、その処理やその受け入れをめぐって、対応を迫られることとなった。かくして、一般ゴミもこれにより、一層広域的な移動が展開することとなった。

　このような動きは、それ以外の理由からも、以前にもゴミの広域的移動という形で盛んに行われてきた。これは、もちろん各地に大きな環境問題を引き起こしてきた。例えば、四日市郊外地域には、青森・岩手県境部地域の87万m³を超える、国内最大の産業廃棄物が放棄されていることが判明した。許可処分量132万m³を100万m³以上上回る不法投棄が、三重県の撤去命令に応

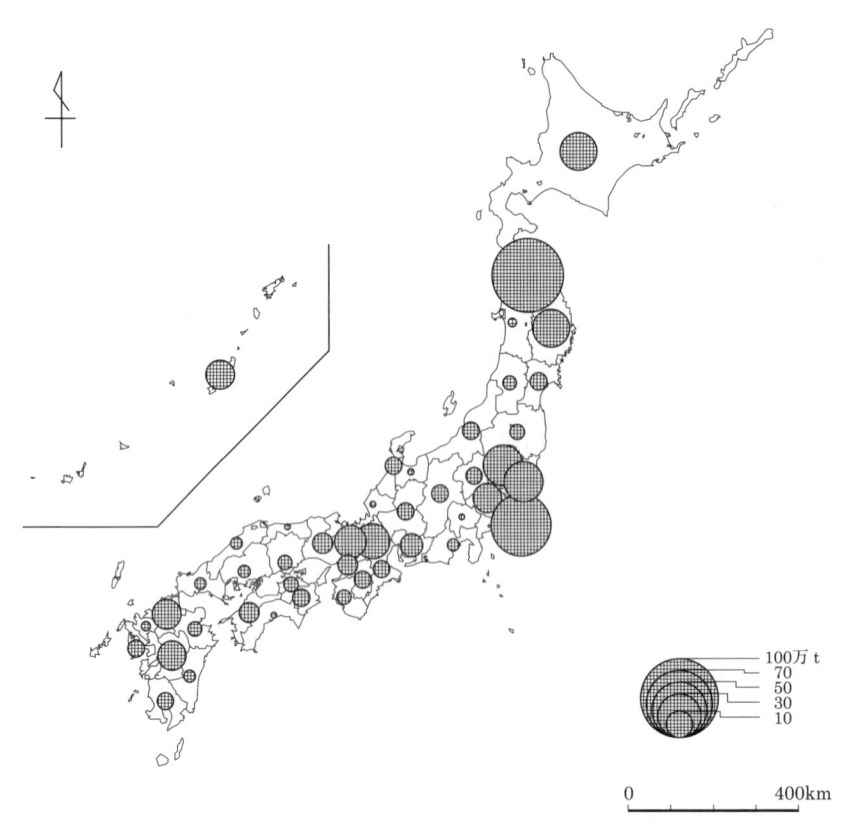

図 2-I-1　確認された不法投棄産業廃棄物の都道府県別にみた投棄量（1993～2002年度）
（資料：『循環型社会白書平成16年版』（ぎょうせい、2004）より作成）

じないまま処分場が閉鎖[6]され放置されていたのである。

　実際近年の不法投棄された産業廃棄物の投棄量をみると、1993～2002年度の場合、地域的にみると、図2-I-1のように、都市やその近郊地域に目立つ他、遠隔地域に大量にみられるものとなっている。前者としては、まず関東地域とりわけ東京に隣接するまたはその近郊の千葉県をはじめとして、茨城県、栃木県等に、次いで関西地域とりわけ滋賀県や京都府に目立つ他、福岡県や熊本県にも目立っている。また後者としては、本州北端部地域に当たる東北北部のとりわけ青森県や岩手県に目立つものとなっている。

このような状況は、まさに社会経済そのものの産物であり、とりわけ近年の消費社会の象徴でもある。つまりわが国は、従来の農業等が中心の潜在成長型国、ここでは、都市・農村関係に象徴されるように、循環社会が地域システム的にも展開していたものから、動脈産業等工業化が中心で生産拡大の成長型の社会で、近年の中国に象徴されるような高度成長がみられる開発途上国で、生産技術やテクノロジーが重要な工業生産型社会を経て、飽食やグルメに象徴される外食産業やレジャー産業等と金融・保険業やホテル・観光業等に代表される金融資本国として大量消費社会が展開し、そこでは、静脈産業も重要な産業となる等、廃棄を考えざるを得ない成熟社会へと大きく変化したのである。

　実際わが国では、パチンコ産業がレジャー産業の王様として自動車産業を凌ぐ状況さえ呈しており、レジャー産業またその消費の結果として、例えばパチンコ台が年に300万台も廃棄される。したがって、廃棄や処分を、またそこから生産づくりを考え、それに伴う被害のない社会を考えること、つまり汚いものやいらないもの、つまり汚くないよう、廃棄しないように、さらに作らないよう等、静脈という視点から生産や社会を考えることが必要となっている。消費さらに、成熟や超成熟社会においては、地球や自然対応型の高度な環境対応型社会であり、地球的規模でそれへの対応が展開できる技術やシステムを備えた社会であり、メンテナンスや処理産業が重要で、リサイクル化のもとで、先進地域には、資源産業がリサイクル化のなかで展開する社会でもある。

　とはいえ現実のこの大量消費社会においては、もちろん食料部門についても海外からの調達が顕著で、総菜をも輸入する状況が一般化した外食産業部門においてはとりわけそうである。このような形での食料の調達は、とりわけそれが資本の論理のもとで展開されればなおさら、必然的に安全性を含め少なからぬ問題を惹起するのである。事実台湾産養殖ウナギから含有が禁止されている合成抗菌剤エンロフロキサシンが検出[7]されたのもまさにこれに当たる。

　このような問題が惹起するのは、国際化が進展し国際競争力が高まるなか、輸入が急増するとともに、農業の再編成が合理化のもとで急速に進展し、そのもとで、消費者の食品に対する不安や懸念が強まり、その評価も多様化しているためである。近年における食の安全性に不安を感じる状況は、食の安全性に

対する意識調査（2004年）[8]にもみられ、不安を感じているものとして、農薬を国民の89%があげるのを筆頭として、食品添加物が84%、汚染物質が77%、プリオン（72%）、輸入食品（64%）、微生物（63%）、遺伝子組み換え食品（52%）、放射線照射食品（49%）、ウイルス（47%）、新開発食品（43%）等があげられている。これらは、近年における食の現状とそれに伴うリスクを背景とする危惧や不安によるものである。

近年においてペットブームやレジャー活動が惹起する課題もまさにそれに当たる。もちろんこれは、豊かさや現在の社会的状況を背景とするものであるが、ペットやレジャーが果たす役割はペットの癒しにみられるよう大きなものがある。これらは、近年わが国でも海外からの輸入動物が急増している理由でもある。

事実わが国へのその輸入は、2002年の場合、ほ乳類が85万、は虫類が87万、鳥類が16万、その他が4.8億個体以上にも上っている。なかでもほ乳類では人気があるハムスターが68万個体、またカメ類については74万個体が輸入されている。これに伴い、これまで人間になじみが薄かった病気、すなわち動物由来感染症も急増し、大きな社会問題となっている。事実イヌ、ネコ、アライグマ、コウモリ、キツネからの狂犬病、イヌやキツネからのエキノコックス症、小鳥や野鳥からのオウム病等がこれに当たる。近年大きな問題となった、例えば、プレリードッグは、ペットとして人気が高く、ペスト感染の恐れから輸入が禁止される以前の2002年には、1万個体以上が輸入[9]されていた。

もちろん以上みたような技術や社会状況の変化に伴う新たな病気、またそれへの不安や懸念は、食糧や生き物等産業部門に限られたものではなく、分野的に多岐にわたるのみならず、地域的にもより広範にみられるものとなっている。したがって、それらの新たな状況や課題への対策も欠かせず、例えば近年アスベスト（石綿）による健康被害が明るみに出るなか、経済産業省と厚生労働省は、電気事業連合会や日本鉄鋼連盟など石綿を使用している18業界に使用禁止およびその前倒し[10]を要請した。

これは、アスベストによる労災認定が2004年度には186人と、過去最多で前年度の1.5倍となったためである。これまでの累積は、中皮腫が495人、肺

ガンが354人である。1999〜2004年度の認定者532人中402人が死亡している。2004年度までの6年間における認定件数を業種別にみると、建設業が175人、窯業・土石製造業が117人、造船業が81人となっている。そういう意味では、1970年の公害国会以降本格的に取り組まれてきた産業公害もなお後を絶たないわけである。アスベストは、まさに都市の拡大時代ともいえる1975年以降1990年代半ばまで、とりわけ建材として製造・販売され使用されてきたものである。

　したがって、アスベスト製造メーカー等で従業員に石綿が原因で生じる中皮腫や肺ガンによる死者が、クボタの79名やニチアスの86名をはじめとして関連業種8社で195名にも上る[11]ことが判明している。石綿は2004年に使用が禁止されたが、今後その影響が病気の発症や死亡という形で顕在化するのは必至で、中皮腫による死者は2030年までに10万人に上ると見積もられている。

　その被害は、ある特定の産業分野の作業従事者すなわち石綿が多く使われてきた建設業をはじめとして、造船業等の工場や従業員にその被害が目立ち、そういう意味では労災ともいえる。しかしその被害はそれだけにとどまらず、それ以外にも、家族、さらに地域住民にまで及ぶものとなっている。したがって、周辺住民への健康被害、さらには死亡までもが懸念される。従業員の妻も作業服に付着する石綿を洗濯に際して吸引する等による死亡、また旧神崎工場周辺住民5名が発症し2名の死者が認められると、クボタも公表[12]しているように、その健康への影響や死亡もさらに飛躍的に拡大するものと思われる。

　もちろんこれらの問題への対処は、一般に社会的には個人や企業として個々に対応し解決せざるを得ない状況となっている。しかしそれは、とりわけ、競争という形で、その対応を自由競争に任せ市場経済のなかで個人や1企業が対応し解決していくのは極めて困難で、個々の企業にとっても大きな負担である。

　事実そのような事例には事欠かない。近年環境問題として大きな関心を呼んでいるレジ袋への対応に関しても、全国主要スーパーで構成されている日本チェーンストア協会が、国に要望書を提出し、レジ袋を法的に有料化[13]するよう求めている。レジ袋の有料化への法制度化、つまり袋の使用抑制と、とくに

容器リサイクル法によるリサイクル費用の負担の軽減化[14]を求めており、2006年の法改正、2007年の実施化との動きとなっている。これは、企業が個別にその使用をやめていくような対処はし難く、スーパー業界が全体として、袋の使用を抑制しようとするものである。もちろん資本としては、それにより、容器包装リサイクル法が負担を定めるリサイクル費用を消費者に転嫁し、その負担を軽減しようとするわけである。

事実わが国におけるレジ袋の使用枚数は、年間313億枚で626億円にも達し、国民1人当たり年平均260枚も使用していることになる。しかも、レジ袋を1枚作るのに原油14.4gが必要で、1枚当たりの単価は、ポリエチレン製で約2円かかる。あるスーパーの場合、レジ袋にかかる費用は、年間1,080万円にも上る。一方、マイバック持参率は、5〜7％と低位のものにとどまっている。

このようなレジ袋使用の抑制化への動きは、マイバック持参運動等にみられてきた動きをも背景とする。とくに近年、東京都杉並区が、全国的に注目される「すぎなみ環境目的税（レジ袋税）」を可決し、行政がそのような動きを支援・後押しする状況を示し、レジ袋を削減する動きが広がろうとしている。ここではレジ袋の削減率は、2002年には24％と目標の20％を上回り、2006年の60％を目標にノーレジ袋の日を推進しようとしている。狭山市でも2001年に全国ではじめてノーレジ袋デーを実施し、2002年から毎月2日をノーレジ袋デーとしている。また名古屋市では、2002年に「脱レジ袋宣言」を実施し、2500店舗が、共通ポスター、レジ袋のお断りカード、レジでの声かけ、店内放送でキャンペーン[15]活動等を行っている。

このように個別企業での対処ではなく業界が全体として、使用の抑制や制限に取り組む状況は他にもみられる。近年競争とりわけ国際競争が厳しいなか、企業が個別に環境へ配慮したり環境問題への取組みを展開していくのは困難で、ISO14001（国際環境基準）という認証機構のもとで、それを展開しようとしているのはこれに当たる。

しかしISO14001の審査登録企業が、現在環境への取組みに関しては、環境の方針を示すレベルにとどまり、本格的に実行するレベルには至っていないこ

とは大きな課題である。したがって、その環境負荷の管理を推進させるには、環境保全コストと内部監査結果の公開が必要[16]であるとの指摘は無理からぬことである。

しかしなお少数とはいえ、環境問題に先進的な取組みをする企業もみられる。例えば富士ゼロックスは、処理費用の負担における国際的に公平な分担により、国境を越えた回収・分解・処理化、つまりアジア・オセアニア9か国1地域の使用済みコピー機をタイ工場で処理し、再資源（99.6％）化[17]に努める等、国際的にみても先進的な取組みを展開している。このような状況のもとで、富士ゼロックスは、生産事業所で廃棄ゼロ、また消費者から回収した商品の廃棄ゼロ等、廃棄ゼロ化や資源の再活用化を目指している。

したがって、その資源循環型システムは、経済的すなわち環境会計をみると、表2-I-1にみられるように、1999年度の28.9億円の赤字、2001年度の8.1億円の赤字が、ついに2003年には0.6億円の黒字へと好転化し、導入以来

表2-I-1　富士ゼロックスにおける環境会計からみた資源循環システムへの取組み（1999～2003年度）

		1999年度 億円	2000年度 億円	2001年度 億円	2002年度 億円	2003年度 億円
	投　　資	16.0	6.9	4.0	2.6	1.9
	費　　用	145.1	154.3	153.7	149.7	168.7
	効　　果	66.4	84.4	96.5	95.6	107.4
	環境会計収支	－28.9	－16.0	－8.1	－2.4	0.6
2003年度環境会計	事業エリア内	事業領域内の環境負荷を抑制する活動			1.3億円	7.0億円	2.8億円
	うち公害防止	大気・水質・土壌汚染の防止活動			0.6	1.9	0.0
	地球環境	温暖化防止やオゾン層保護等のための活動			0.6	1.7	1.9
	資源循環	資源の抑制、廃棄物の削減や再利用の活動			0.1	0.3	0.9
	上流・下流	グリーン購入や商品リサイクルに関する活動			0.3	103.6	104.6
	管理活動	EMSの運用・環境負荷の測定に関する活動			0.1	15.4	0.0
	研究活動	環境配慮型の生産技術や商品の創出活動			0.2	40.5	0.0
	社会活動	環境団体への支援や近隣の緑化活動			0.0	2.1	0.0
	環境損傷	有害物質の遺漏に対する原状回復等活動			0.0	0.1	0.0
	合　　計				1.9	168.6	107.4

（資料：富士ゼロックス資料より作成）

42　第2編　国際化時代の環境問題

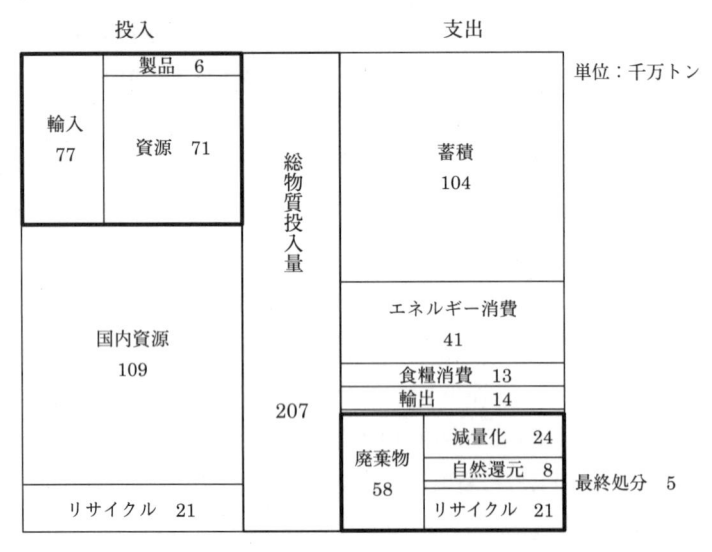

投入			総物質投入量	支出			単位：千万トン
輸入 77	製品 6			蓄積 104			
	資源 71						
国内資源 109			207	エネルギー消費 41			
			食糧消費 13				
			輸出 14				
			廃棄物 58	減量化 24		
				自然還元 8		最終処分 5
リサイクル 21				リサイクル 21		

図 2-I-2　日本の物質フローの状況（2002年度）
（資料：『循環型社会白書2005年版』p.55より作成）

8年目で2003年度会計において初めて黒字化[18]を達成したのである。

　したがって富士ゼロックスの環境問題への取組みは、例えば2003年度における評価をみると、第6回環境報告書賞「優良賞」の受賞、DocuPrintC425/2426が省エネ大賞「省エネルギーセンター会長賞」を受賞、またトーマツ審査評価機構の2003年度版環境格付けにおいて総合格付けで「AA」を得た他、富士ゼロックス上海が「2002年環境保護の信頼できる企業」に、さらに富士ゼロックス・シンセンが「グリーン企業」に選出[19]される等、社会的にも国際的にも高い評価を得たわけである。

　このように近年、環境問題への取組みやまた住民運動が展開するのは、日本の環境対策やゴミ対策は、ゴミの減量化や発生を抑制するという環境問題の緩和・解消化政策よりは、図2-I-2にみられるように、輸入に大きく依存しながら、大量生産・大量消費・大量廃棄という従来型の生産を重視した社会経済的構造を温存するものに他ならないからである。つまりそれは、リサイクル処理や対策を十分施さないがために、処理場不足を必然化させる構造、したがって

表 2-I-2　近年におけるゴミのリサイクルに関する法案の動き

年　次	ゴミのリサイクルに関連する法案
1970 年	廃棄物処理法の公布
	海洋汚染防止法の公布
1972 年	廃棄物処理施設整備緊急措置法の公布
1990 年	ダイオキシン類発生防止等ガイドラインの策定
1991 年	再生資源利用促進法の公布
1992 年	バーゼル条約の公布
1993 年	環境基本法の施行
1995 年	製造物責任（PL）法の施行
	容器包装リサイクル法の公布
1996 年	廃棄物処理施設整備計画（第8次）の閣議決定
1997 年	ゴミ処理に係わるダイオキシン類発生防止等（新）ガイドラインの策定
1998 年	ごみ処理施設性能指針の策定
1999 年	環境汚染物質排出移動登録制度の成立
	ダイオキシン類対策特別措置法の公布
2000 年	循環型社会形成促進基本法の制定
	廃棄物処理法の改正
2001 年	資源有効利用促進（改正リサイクル）法の施行
	建設資材リサイクル法の施行
	特定家庭用機器再商品化（家電リサイクル）法の施行
	グリーン購入法の施行
	食品リサイクル法の施行
	残留性有機汚染物質条約の採択
	PCB 特別措置法の施行
2002 年	廃棄物処理法施行令の改正（屎尿等の海洋投入の禁止）
	自動車リサイクル法の公布（05年完全実施）
	フロン回収破壊法
	土壌汚染対策法の制定
	バイオマス・日本総合戦略を閣議決定
2003 年	循環型社会形成推進基本計画を閣議決定
	ポリ塩化ビフェニール廃棄物処理基本計画の策定
	日本環境安全事業株式会社法の公布・施行
	産業廃棄物特別措置法の施行
2004 年	消費者基本法の施行
	不法投棄撲滅アクションプランの公表

（資料：『循環型社会白書2005年版』ぎょうせい、『知恵蔵2005』朝日新聞社および『イミダス2005』集英社より作成）

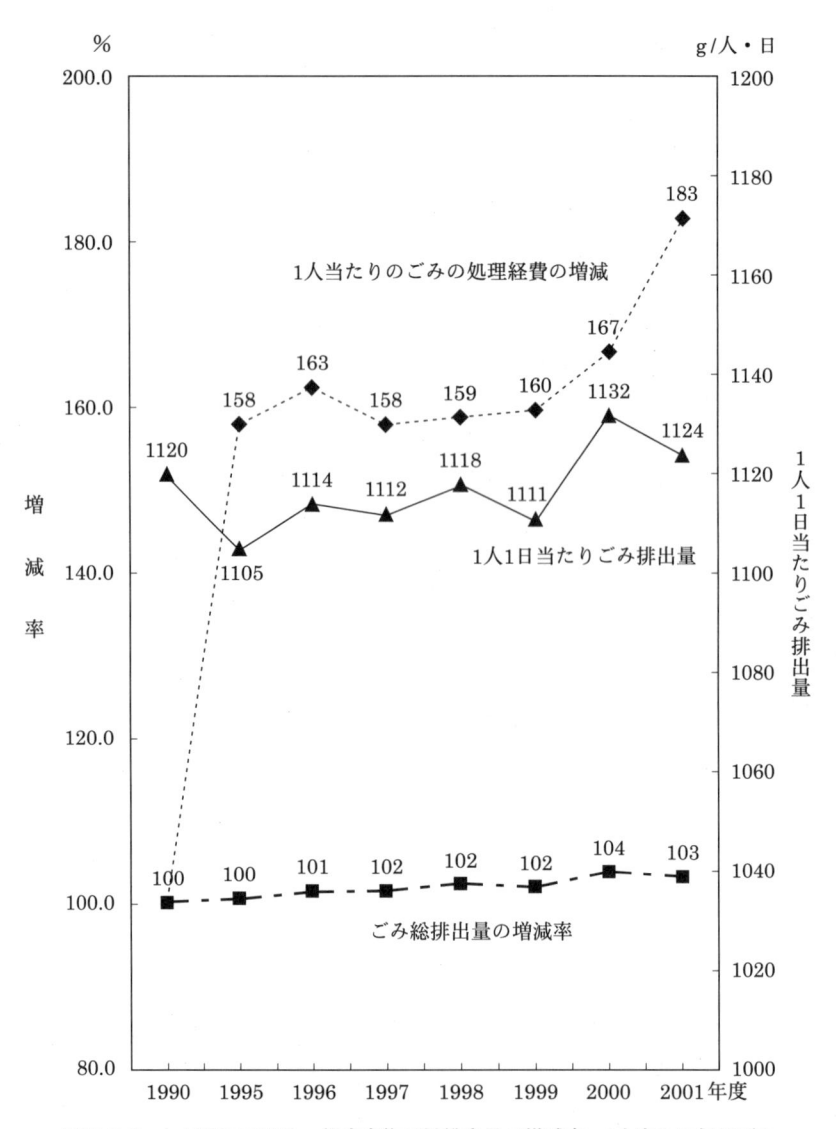

図 2-Ⅰ-3 わが国における一般廃棄物の総排出量の増減率、1人当たり年間ごみ処理経費の増減率および1人1日当たり排出量の推移
（資料：『循環型社会白書』（ぎょうせい、2004）より作成）

また、対処療法的にダイオキシン対策という名のもとに大型の最新焼却炉を導入したり、処理技術やリサイクル技術の開発や強化システムを展開・維持するに過ぎないわけでもある。

　つまり住民が、ごみ処分場建設、焼却や焼却化によるかさ減らし、港湾等地域での埋め立て等に反対しようとも、環境よりも経済優先政策やリサイクル神話のもとで、ゴミ処分も、市町村よりは県の認可という形の強い中央集権政策により、従来のシステムを維持しながら、対処してきたのである。

　また、発生源の責任が求められない、また費用や経費の内部化が求められず外部化ができる状況のもとで、行政また税金による尻ぬぐいが、まかり通ってきたのである。それはまた、都市部にゴミや環境を生業とする業者や産業が展開・存在し、それを産・官・学が支える一体化構造が確立しているからでもある。ゴミ処分業者、ゴミ処分プラントメーカー、製造業者、建設業者、官僚、御用学者、コンサルタント等、ゴミマフィア[20]と称されるものがそれに当たる。

　したがって、わが国の近年における一般廃棄物の排出量をみても、ゴミのリサイクルに関する法案が、表2-I-2のように、近年矢継ぎ早に展開されたにもかかわらず、ごみの総排出量は、図2-I-3にみられるように、1990年以降も増加傾向にある。これは、環境とりわけゴミ問題がかしましいにもかかわらず、1人1日当たりゴミの排出量が必ずしも低下傾向に向かっているとはいえないためでもある。したがって、それを処理するために多額の処理費を、とりわけ税金という形で要しているのが実情である。

　もちろんわが国には、それ以外にも、土建マフィア、原発マフィア、受験マフィア等が巣くっている。そのようなもとでは、例えば、国家試験である1級小型自動車整備士の筆記試験の問題が、事前に一部（50問中38問が）、トヨタ系列の販売店に漏れ、受験生7,317人中約3,000人が入手していたと国土交通省が発表[21]する事態さえ生じたのである。また全国小売酒販売政治連盟が、2002年に酒類の小売り自由化を一部地域で凍結する緊急措置法案の提出議員ら36人に、パーティ券購入等で700万円を提供していたことが判明したが、全国約1,000個所で新規出店できないという逆特区ともいえる法案が、2003

年4月に成立したのである。

　そのような状況がまかり通るもとでは、多くの場合資本の論理よろしく、自由な経済活動や規制緩和化、消費者や生産者のモラルの問題、不況下またコスト高や国際競争力上これ以上の負担は無理、また企業が個別な対処で対応し難い等の論理やご託を並べながら、責任や負担等そのツケを、倫理や道義上はもちろん金銭的にも市民や国民に回しなすりつけてきた。例えば、わが国において、プラスチック容器やペットボトルなどが家庭ゴミに占める割合は、重量で2割、容積で6割を占めているが、それをコスト面からみると、名古屋市の場合、可燃ゴミではkg当たり56円にとどまるのに対して、プラスチック容器では93円、ペットボトルでは131円と費用がかかり、容器包装リサイクル法関連の費用はゴミ処理経費の6分の1をも占めるのである。

　このようにリサイクルには、施設の建設や管理・運営また収集のためのコストが必要であり、自治体は、構造的にリサイクルを推進すればするほど財政難に陥るというまさにリサイクル貧乏[22]という悪循環に陥る。これは、プラスチック容器やペットボトルの製造・販売・利用企業が利益を上げ繁栄するもとで、その後始末を押しつけられ担わされる自治体、また住民や国民はその負担に喘ぐ図式に他ならない。ゴミや廃棄物に関わる企業や産業が、市場や雇用面でも肥大化し、地域的にはそれに依拠する都市部に、ゴミ処理や環境産業が展開するわけでもある。

　近年家庭ゴミが一向に減らず、国の減量化目標の達成が困難化し、また最終処分場の残余年数が10年余りに逼迫するなか、その対策として、環境省が、自治体によるゴミ収集やゴミ処理に手数料を、現行の必要に応じてから、2005年以降は原則的に徴収すると明文化するよう改め、全面的に有料化する方針を固めた[23]ゆえんである。

　このような状況を背景として、製品のリサイクル化が、身近なところではとくに食料品部門等を中心に展開しようとしているが、その部門別対応は多様である。事実食品部門のリサイクル等その利用の展開も多様かつ分散的で、例えば管理や運営がコスト面からもしやすい製造業部門においては高いのに対して、流通部門や消費部門では低位なものにとどまる。実際そのリサイクル率を

みると、製造業部門では49％と高いのに対して、流通部門では0.3％、消費部門では0.3％と低位である。

　しかも問題なのは、その廃棄にはエネルギーや労力を多く要する点である。事実食品製造業部門では飼料化されたり、肥料・堆肥化されているのに対し、流通部門では、膨大な量がエネルギーを使って焼却もしくは埋め立てられている。わが国の食品の製造業部門での廃棄量は340万tで、食品廃棄物総量1,940万tの18％にとどまるのに対して、流通部門のそれは、600万tで30％を、さらに消費部門は廃棄物量の52％[24]を占めている。これは、わが国では、近年その消費量が増えるのみならず、ますます消費部門への依存が、社会や産業構造的にも、また個人レベル、また生活スタイル面でも急速に高まっているからである。

　このように外食や中食産業が展開するなか、弁当はもはや持ち帰り用として、弁当屋やコンビニでも、若者のみならず、高齢者、主婦にもよく利用されているが、店の弁当は、普通100個中19個が賞味期限切れで廃棄される。しかし冷凍弁当の場合、店は冷凍品をチンして販売するわけで、その廃棄は4個で済む。また技術的にも、昔の冷凍および解凍とは異なり、電子レンジにて、保存されていたうまみが流出することなく、おいしいまま食べることができる。大幅なコストダウンにつながるわけである。

　とはいえもちろんそこにはさらに大きな問題、とくに浪費やエネルギー等環境問題も展開する。外食とりわけその産業化には無駄はつきものである。実際学校給食においても食べ残しは多く、2割以上が廃棄され、そのままもしくは一部は堆肥として利用されるが、その多くが廃棄される。消費の王様ともいえるホテルでの飲食による食べ残しは3分の1に、またスーパーにおいても売れ残りは少なからぬわけである。したがって、わが国の残飯等食生活における社会的損失は、家庭内での年間ロス3.2兆円をはじめとして、総額11.1兆円になると見積もられている。これは、日本の農業および水産業の生産額12.4兆円にほぼ匹敵するものである。わが国では、海外から食糧が大量に輸入されているが、食糧が3割以上が食べられずに廃棄されている[25]のが実状である。

　しかも問題なのは、そのような展開には、私たちの健康や安全にさえ関わる

深刻な問題も顕在化しているのに、緩和・解消されない問題も山積している点である。事実近年、安価な輸入食料を大量に利用する状況とそれを支えるシステムのなかで、安全性や栄養価が問われる事故や事件が起き、後を絶たない。例えば、中国産ほうれん草に日本では許容されない農薬が検出されたり、またBES問題がアメリカ合衆国で生じ、日本での消費向けに開発してきた米国産牛肉の輸入そのものがストップし、米国の畜産業界のみならず、国内の外食産業も大きな打撃を受けたのである。吉野家は、自らがうまい牛丼づくりに徹し単品でもやっていけるようにと、米国産牛肉への依存を強める形で、大きく展開し、それに特化・専門化してきただけ、米国での狂牛病問題は経営に深刻な影響を与えた。

　近年このように深刻化する環境問題へ対処するものとして、国際的に大きな課題となっている環境税（温暖化対策税）の導入に関しても、わが国の場合、経済界、またその意向を反映してきた経済産業省等行政部門においても、省エネ技術の開発や改良等で対処し産業界に負担をかけない形でとの主張を展開し、反対の意向が強いなかでは、その展開は難しい。事実省エネ等の効果を期待するには炭素1t当たり6,000円、したがって、ガソリン・灯油なら1ℓ当たり4円でないと不十分との意見があるなか、環境省の1t当たり3,400円（ガソリン・灯油1ℓ当たり2円）の導入[26]に対してさえ、声高に反対の意見が展開され、それへの合意の道は容易には得られない。

　とはいえすでにヨーロッパ等では、拙著[27]でも指摘したように、その展開がみられるわけである。日本が、環境部門で産業的、経済的、政治的にもさらに展開し、新たな社会や時代を担い、そのリーダーシップを発揮しながら存続できるためにも、個々の利害や主張に囚われることなく、状況を見据えそれを未来へとつなげるという大局的な観点からの決断が求められる。その動向を左右する大きな力や権限があり委ねられている産業界、行政、とりわけ首相や担当者のリーダーシップや英断が問われ、待たれるゆえんである。

　事実東京都豊島区では、放置自転車が社会問題化するなか、全国ではじめて「放置自転車税」が課せられた。これは、鉄道会社が強く反発するなか、池袋駅周辺に放置される自転車の撤去や駐輪場の整備にかかる費用を、JR、西武、

東武、東京都交通局、東京メトロの鉄道5社に、法定外目的税を2005年度から求める形で負担させようというもので、国も了承[28]することとなった。その税収は、年間2億円に上る見込みである。

　また2002年にわが国で最初に産廃税[29]を導入した三重県では、1t当たり1,000円を、産廃を県内で年間1,000t以上処理した企業から徴収している。これにより産業廃棄物処分量は、1996～2001年度に約3分の1にまでと大きく減少した。もちろんこの背景として、山下・除本[30]らは、建設業の景気後退に加え、建設廃棄物の中間処理の生産技術による効果、化学工業の内部処理化による無機汚泥の減少、処分料金の上昇による効果、三重県の政策（許認可や監視指導の「抑制的」、情報公開の「社会的」、産廃税の「経済的」手法による相乗効果）により遅れていた建設汚泥の発生抑制の進展効果等を指摘している。

　このように事態や状況は、取組み次第で大きく変わり、大きな成果も出せる。事実ロンドンは、長年の大きな課題である交通渋滞の緩和政策として、市中心部への車の乗り入れに対して5ポンド（1,000円）の渋滞税を2003年から課した。その結果、金融街や官庁街のシティーやホワイトホール等では、車の交通量が3分の2にまで減少した。予想外の大きな効果に対象地域の拡張計画が検討される有様である。また1998年にごみの非常事態宣言をした名古屋市は、ゴミの減量化政策を展開し、1998年度以来5年間でごみの量を26%減、資源回収量を2.4倍、埋立量を半分以下にまで減量化する等、「環境首都なごや」づくり[31]を目指している。2001年度に第1回環境首都コンテストで第1位に、2003年度には自治体環境グランプリと環境大臣賞に220万人の市民と名古屋市が連名で選ばれたゆえんである。2005年には、「環境首都なごや」づくりを担う人づくりを目的とし、市民、企業、行政、教育者が、環境先進都市を目指し協働して学び合える場として、「なごや環境大学」が開講された。

注
1) 朝日新聞2002.3.29。
2) 宮田秀明（1998）:「暮らしとダイオキシン」廃棄物学会誌市民編集第2号、pp.69～74。

朝日新聞 2002.12.2。
3) http://www.jfa.maff.go.jp/release/2004.0929.02.htm.
4) 前掲注 3) 資料。
5) 朝日新聞 2002.12.1。
環境省編 (2004):『環境白書 2004 年版』ぎょうせい、p.127。
6) 朝日新聞 2005.5.28。
だんなの屋根裏部屋 2005.07.09 (http://danna.fukucat.pussycat.jp/2005/09/12.)。
7) 朝日新聞 2004.10.16。
http://www.nc-news.com/news/2004.10.10.htm.
8) 厚生労働省 (2004):『厚生労働白書 2004 年版』ぎょうせい、pp.36 〜 37。
9) 前掲注 3) 著書、pp.51 〜 54。
10) 環境省編 (2004):『環境白書 2004 年版』ぎょうせい、p.82。
朝日新聞 2005.7.21。
11) 鬼頭秀一 (2005):「「予防原則」で防ぐ、目に見えない危険」環境会議 2005 秋号、pp.228 〜 231。
朝日新聞 2005.7.7。
http://www.asahi.com/special/asbestos/2005/09.10.
12) http://www.yasuienv.net/AsbestosKubota.htm/2005/07.03.
朝日新聞 2005.7.8。
13) 朝日新聞 2004.2.16。
http://www.pof.or.jp/regigomi/rl.htm/2005.08.12.
14) 朝日新聞 2005.5.21。
15) 千葉ごみゼロを考える連絡会 (2002):「レジ袋削減運動を中心に地域に密着した身近な活動を展開」廃棄物学会編集市民がつくるごみ読本第 6 号、pp.74 〜 75。
廃棄物学会消費者市民部会 (2003):「レジ袋削減をめぐる動き」廃棄物学会編集市民がつくるごみ読本第 7 号、pp.28 〜 33。
http://www2u.biglobe.ne.jp/~GOMIKAN/sun2/sun35b.htm/2005/07/26.
足立治郎 (2004):『環境税』築地書館、p.32。
16) 森保文・寺園淳・酒井美里・乙間末広 (2000):「ISO14001 登録企業の環境面への取り組みおよび環境パフォーマンスの現状」環境科学会 13、pp.193 〜 204。
17) http://www.fujixerox.co.jp/release/2004/1207-recycling-system.html.
朝日新聞 2005.5.21。
環境会議 (2005):『環境会議 2005 秋号』、pp.262 〜 263。
18) http://www.fujixerox.co.jp/release/2004.08.12.htm.
19) 富士ゼロックス株式会社品質・環境経営部 (2004):『Sustainability Report2004』富士ゼロックス株式会社、pp.37 〜 38。

20) http://www.2u.biglobe.ne.jp./~gomikan/rep/daigaku-00d.htm.2005/07/26.
21) 朝日新聞 2003.12.3。
　　http://allabout.co.jp/study/qualification/closeup/CU20031229.
22) 朝日新聞 2005.6.22。
　　http://www.env.go.jp/council/03haiki/y030-20a.html.2005/09/15.
23) 朝日新聞 2004.5.31。
24) 浪江一公（2003）：「どう利用する？　バイオマス食品廃棄物の利用」地球環境 2003.12、p.56。
25) 内藤正明（2000）：「エコトピア」廃棄物学会誌市民編集 2000 第 4 号、pp.67 〜 70。
　　大塚徳勝（2005）：『知っておきたい環境問題』共立出版、pp.36 〜 39。
26) 佐野・石・飯野・桝本・畑（2003）：「特集環境税を考える」地球環境 34 巻 12 号、pp.36 〜 45。
　　足立治郎（2004）：『環境税』築地書館、pp.1 〜 245。
27) 環境庁編（1994）：『環境白書総説 1994 年版』大蔵省印刷局、pp.243 〜 259。
　　拙著（1999）：『開発か環境か－地域開発と環境問題－』大明堂、p.47。
28) 朝日新聞 2004.9.6。
　　http://www.soumu.go.jp/s-news/2004/040913-1.html.
29) http://www.eic.or.jp/library/pickup/pu2002.1121.html.
　　岡山県産業廃棄物協会（2003）：『最新版よくわかる廃棄物処理法のポイント』岡山県産業廃棄物協会、pp.1 〜 149。
　　岡山県産業廃棄物協会（2003）：『産業廃棄物ハンドブック』岡山県産業廃棄物協会、pp.1 〜 19。
　　愛知県環境部環境政策課（2004）：『環境白書 2004 年版』愛知県、pp.57 〜 58。
30) 山下英俊・除本理史（2004）：「なぜ三重県では産廃処分場が激減したのか？」環境と公害 Vol.33.No.4.pp.48 〜 55。
31) 「なごや環境大学」実行委員会編（2005）：『「なごや環境大学」環境ハンドブック 2005』「なごや環境大学」実行委員会、pp.1 〜 230。

II

岡山県における環境問題

　岡山県は、とくに 1960 年代以降鉄鋼・石油化学が展開する水島臨海コンビナート地区に象徴されるように、岡山市と倉敷市を中心とする岡山県南新産業都市に工業および都市化が進展し、工業県としての特徴も顕著であり、これまで産業型公害も数多く発生してきた。倉敷市水島地区の重厚長大型産業による公害問題はまさにそれに当たる。事実ここは、悪名高い三重県の四日市公害を大きく上回る公害認定患者を出してきた。実際 2004 年におけるわが国の公害認定患者数は 5.3 万人、それを地域的にみても、水島地区（倉敷市）のそれは 1,687 人と、四日市市のそれ 485 人の 3.5 倍となっている。

　これは、水島地域が新産業都市の優等生として、したがってそういう意味では、産業公害を典型的に、つまり独占資本本位の地域開発を推進[1]した結果として、垂れ流し、必然的に公害病を惹起してきたのである。世界のトップ水準の規模を誇る高炉が建設され鉄鋼を大量生産したが、それは、地域住民の居住地域と至近距離に立地した工場であったという点でも特徴的であった。

　しかもそれは、周辺の環境とりわけ住民の健康や生活への配慮を欠く形で運営・管理された。実際住民の健康を守るという点では必要であった脱硫装置を施すことなく、操業が開始され、SOx が垂れ流された。しかも燃料として使用されたのは、わが国の石油市場がアメリカ合衆国に代表される欧米のメジャー資本により牛耳られてきたため、中東産の原油、つまり燃やすと亜硫酸ガスを生じ公害病の引き金ともなりやすい硫黄分の多い石油、しかも光化学スモッグが発生し緊急処置として主たる発生源である電力会社等に指示された生炊き用の原油ではなく、安価であるがとくに硫黄分の多い燃料である重油等を使用した結果として、しかも脱硫装置をケチる形で操業されたため、SOx が排出され

II 岡山県における環境問題　53

てきたのである。
　このように資本は、工場立地地域に公害を垂れ流し、他方、地元では、小学校で公害に負けない体操が教育として展開される等、その負担を公的にも被り負担させられたのである。資本と資本家は、損害賠償を私的および公的にケチったり被害者が苦しんだ分をも富へと回し多くの富を蓄積し、その分、本社のあるまた資本家の居住地である東京等の大都市地域を繁栄させたのである。
　そのような資本とその論理からは、公害の原因や理由を解明しそれに対処する、つまり脱硫装置をけちり公害をまき散らす背景、またその影響やそれへの対処、すなわち階層や社会構造、地域経済や地域構造等、公害発生の自然的、社会的、地域的仕組みやこれを解決するための方策を教えたり根本的な解決に向かおうとするのではなく、ある面ではむなしい公害体操等を実施することが多かったわけである。そういう意味では、極めて現状追認的な単なる対処が展開されるに過ぎなかったのである。
　このような根本的解決・解消化ではなく対処的な対応にとどまる状況は、他にもみられるし、またその後の開発政策や環境対策にもみられる。例えば、新たな産業づくりで公益性が高いと称され今なお公的資金により維持・展開されているチボリ公園は、まさにこれに当たり、それは従来型の志向といえる。しかも問題なのは、これが、行政的のみならず立法的にも、1990～97年の7年間にわたる岡山県から民間営利企業チボリジャパン社への県職員の派遣と給与支給が地方自治法違反であると訴えるチボリ公園訴訟に対して、最高裁も、1審、2審と同様、違法性を認めつつも、地方自治体と私人との間の協定自体は公序良俗に違反しないとして、給与返還の義務はないとの判決が2004年[2]に下される等、社会的にも追認されている点である。もちろんこれは、市民意識とも関わるものである。
　岡山市の市民意識調査[3]によると、岡山に住みたいとの回答者は、前回の調査結果から5％減少したとはいえ、71％と高い比率を占め、在住志向の高さがうかがえる。一方、住みたくないとの回答者は6％にとどまる。住み続けたい理由としては、気候などの自然環境がよいが73％、先祖代々の土地や墓地があるが39％等となっている。そのような評価をしている岡山市民は、環境問

題に対しては、個別には、資源ゴミのリサイクルをしていると92％が、また買い物袋の持参を心がけていると44％が回答する等、それなりの意識のもとでそれに対応しようとしている。しかし、市民の行政への評価、とくに環境問題へのそれについては、ゴミ収集・リサイクル対策については評価が高いが、放置自転車対策、ゴミの不法投棄対策などへの評価の低位性にみられるように、大きな課題を抱えているのも事実である。

　もちろんこのような状況のもとで新たな試みとして、岡山市では2002年から、交通渋滞や大気汚染対策として、マイカー通勤者に、郊外の駐車場に車を置きバスで都心部に入るパーク・アンド・バスライドシステム[4]を実施している。四国街道としての国道30号線沿線に、バス会社でもある両備ストアー等のスーパーをはじめとして、駐車場は7か所、駐車台数は180台分が確保されているのは、このような動きを示すものである。

　また林業振興政策についても、新たな対応がいくつかみられる。例えば岡山県は、2004年に施行された「おかやま森づくり県民税」（税収規模年4.5億円）を用いた新規事業として、森林機能強化事業（1.1億円）や森林保全担い手対策事業等をはじめとして13件に3.1億円[5]を投じる2004年度予算を計上しているのは、これに当たる。

注
1)　拙著（1999）:『開発か環境か－地域開発と環境問題－』大明堂、pp.118〜144。
2)　朝日新聞2004.1.16。
3)　朝日新聞2004.6.29。
4)　岡山市都市計画課資料およびエコウェーブおかやま編（2005）:『おかやまエコ読本』吉備人出版、p.128。
5)　朝日新聞2004.2.19。
　http://townweb.litcity.ne.jp/momozono/moriken.htm.2005.9.10。

III

地域環境を活かしたまちづくり・地域づくり

1. 地域資源を活かしたまちづくり

(1) 歴史や環境を活かしたまちづくり

　食生活は、食材にもみられるように、地域の自然、またそれを利用する食習慣等地域性のみならず、また文化や歴史的な産物や遺産でもある。それは、他にない、また、まねができるとは限らない側面を持つがために、ユニークで独自性がみられる。これは、飽食といわれる豊かさのなか、エビや牛肉の自給率9.5％および40.1％[1]にみられるように、食料の大量輸入により、食生活も、他や他地域への依存を強める形で標準化や一般化が進展するなか、本来のうまさを秘めた、画一的でなく他にないものやその良さ等でその地域が評価される状況を示し得るものでもある。

　したがって、それらを利用した新たな試みやそれによる新たな活性化を志向する動きもみられる。食による地域の活性化や町おこしはこれに当たる。讃岐うどんブームの展開をはじめ、福島県喜多方市のラーメン、宇都宮市の餃子、京都府舞鶴市と広島県呉市の肉じゃが、西宮市のケーキ[2]等はこの好例である。

　もちろん近年は、環境、例えば自然環境のみならず、社会的環境、とりわけ文化や産業や歴史遺産をも活かした地域の活性化や町おこしもみられる。例えば、尾鷲市では、地域にかけがえのない資源として、歴史的遺産である石畳の道馬越（まごせ）峠を活かした地域づくりを展開しようとしている。必ずしも乗り気でなかった三重県も、高野山、吉野・大峯、熊野三山に代表される三重・奈良・和歌山県にまたがる山岳霊場と参詣道および周囲の文化的景観を

写真 2-Ⅲ-1　世界遺産熊野古道・馬越峠

「紀伊山地の霊場と参詣道」として世界遺産化しようとの運動が展開し、写真2-Ⅲ-1のように、熊野三山へ詣でる熊野古道(熊野と伊勢や大阪、和歌山、高野山および吉野を結ぶ古い街道で「熊野街道」や「熊野参詣街道」と称された)・吉野古道が世界遺産(2004年6月に登録)に組み込まれるなか、それへの対応を迫られた。

これは、熊野古道への来訪者数が近年急増し、その数は、1996年度の0.3万人が、1998年度には3.0万人、2000年度には7.6万人、さらに2001年度には8.3万人へと推移しているからである。のみならず、その世界遺産化は、これに拍車を掛けたからである。

尾鷲市の石畳の道馬越峠は、そもそも紀州藩の街道整備に伴い、大雨から道を守るため敷設された石畳道で、旅人の草履が濡れぬよう配慮された山水を谷川に流す洗い越と称される排水溝を備えた歴史的遺産である。したがって、三重県は、世界遺産に乗じる形で、この石畳道による新たな地域の活性化を図ろうとしている。

三重県は、この吉野古道の保全と活用に関する地域振興対策として、次の3つの基本姿勢、すなわち①独自性の確立、②総合的な環境保全、および③内発的な地域振興を掲げている。環境を損なわない形でのエコツーリズム(吉野古道ツーリズム)による国内および海外からの来訪者への対応とそれによる新た

な観光化、熊野古道センターや地域センターの整備化等による地域の活性化がそれに当たる。

このような三重県の熊野地域の活性化以外のものとしては、宮崎県南郷町の韓国との交流事業による地域活性化、伊勢市のお払い町商店街による地域活性化等がその好例としてあげられる。また川越市では、溝尾・菅原[3]が紹介するように、一番街商店街地域において、電線の地中（一番街での1992年の開始以降）化や石畳舗装（旧建設省による1989年の歴史的地区環境整備街路事業の導入）化、歴史的建造物を活かした統一ある蔵づくり等の景観の整備により町並み保全を図りながら、中心商業地域の商業振興をうまく進展させている。もちろんこの振興は、1989年の都市景観条例の制定、中核施設である「お祭り会館」が1997年に着工される等、家屋や店舗の修復・新築や改装等への県・市の補助事業をも利用する形で推進されたものである。これにより女性や中高年を中心とした観光客の増加、さらにはとくにレストラン・飲食店、菓子店、居酒屋、喫茶店、民芸品店が増加し、また観光関連の売り上げも高まるという形で、中心商業地域が活性化したのである。事実観光客数は、1980年頃には年間260万人であったが、今や約400万人が訪れるものへと、大きく増加したのである。

もちろん環境条件をうまく生かす形で地域産業を新たに活性化しそれによる地域振興を展開し、地方経済の変容・再編成化に対応しようとする動きもみられる。三重県の海山町は、檜や杉の美林が展開し尾鷲ひのきを産する林業の町として全国に名高いが、ここでは、高度な管理のもとで、良質で付加価値の高い柱材を全国的に出荷しているのである。

しかし近年、木材および木製品が大量に輸入化されるに及んで、木材価格は低迷し、わが国の林業は、経済的に成り立ちがたい状況を呈している。このような状況のなか、森林機能の多様な効用を謳う動きも活発である。保養、健康づくり、体験学習、交流等もその1つである。

このような状況のもと、林野庁は、水源の涵養機能や土砂流出防止機能をはじめとする経済的価値から、森林の価値を75兆円、また日本学術会はそれを70.3兆円と試算[4]している。これらの状況を踏まえて、和歌山県本宮町は、森

写真 2-Ⅲ-2　よく管理され光も入る速水林業の森林

　林交付税を提唱した。また横浜市は、水源の道志川への配慮として、ゴルフ場の開発を断念し水源の確保に努める山梨県道志村に見返りとして、水道料金を20％値上げした分を、水源基金として提供している。もちろんそれは、自主財源として活用できるよう配慮されている。
　新たな林業づくりやそれによる地域の活性化に真っ向から取り組む動きもみられる。海山町の速水林業（1,070ha、うち針葉人工林が813ha、針葉樹の99％がひのき）は、この好例をなす。林道・作業道は整備され、2004年の場合45m/ha、また職員数19人で、その平均年齢は43歳と若く、これは、林業分野では群を抜く水準といえる。ここでは、光の管理を重要視して、間伐を積極的に推進し、檜の高品質用材を生産している。とくに機械化と省力化に努めながら、育林・収穫・出荷の一貫経営を展開している。
　このように速水林業[5]では、写真2-Ⅲ-2のように、環境的機能の高い豊かな人工林の育成に努め、人工林での植物種は、自然保護林が185種類であるのに対し、243種とそれを上回るものとなっている。また国際的な森林の民間認証FSC（環境保全面も適切で、社会的利益にもかない経済的にも持続可能な森林管理を推進することを目的として1993年に設立されたNGOである。適切に管理されている森林を認証し、FSCマークを付けることにより消費者に信頼

できる仕組みを確立している。世界で認証された森林は46か国452森林で、日本では4件が承認されている）を、わが国ではじめて2000年に受けた。また2001年には、第2回朝日新聞「明日への環境賞」森林文化特別賞を受賞した。

とはいえ近年の木材価格の低迷は、かつて林業が経験した危機中最大の危機といえるほど深刻なもので、その経営は厳しく、速水林業も確実な利益体質を取り戻す状況には至っていない。したがって、消費者、設計者、工務店から直接注文を取る体制を組織化しようとしている。これは、木材価格が、1980年の状況を100とした場合、2002年のそれは、スギ山元立木価格の場合24、スギ中丸太価格は36と下落したのに対し、建築用材価格は98、一方、伐出業賃金は144と上昇しているからでもある。もちろん利益追求のみならず、搬出を主体とする機械化の推進、林道網の整備、技術向上、安全の確保に努めつつ、環境管理型の人工林を育成し、環境に優しい豊かな森林を実現し、またそれにより地域住民の理解も得ようと努めている。

(2) 伊勢市おかげ横町の歴史的遺産を活かした地域活性化

伊勢市の門前町では、近年新たなまちづくりが展開している。そもそも2006年の人口が13.7万人の伊勢市は、三重県中央部に位置し、伊勢神宮の鳥居前町としての機能を持った都市である。合併前の2000年における就業人口は4.9万人で、その産業別人口構成は、第2次産業が30.3％、第3次産業が65.9％と、第3次産業に特化した都市である。門前町として栄えてきたのみならず、伊勢志摩国定公園地域としての観光都市でもあり、年間入込み客数は、近年減少傾向を示し、日光と同様衰退型観光地と位置づけられているものの、例えば2001年の場合、その数は774万人にも上っている。これは、写真2-Ⅲ-3にみられるような、最近の新たなまちづくりによるところが大である。実際1993年にオープンしたおかげ横丁への入込み客数は、表2-Ⅲ-1のように、1994年の201万人が2003年には321万人に急増した。一方、伊勢内宮の参拝者数は、1994年の506万人が2003年の417万人へと減少傾向を示しているのである。

写真 2-Ⅲ-3　伊勢市おはらい町の状況

　これは、おはらい町（おかげ横丁）は、伊勢神宮内宮のまさに門前の伊勢街道沿いに位置しながら、以前には観光客は年間10万人程度が訪れるに過ぎなかったが、それに危機感を抱く地元の商店街店主らによる町並みづくりが、行政をも巻き込む形で展開され、個性ある町並みが観光客に評価されたためである。

表 2-Ⅲ-1　おかげ横丁、伊勢神宮内宮および伊勢神宮における観光客数の推移（1980～2003年）

	おかげ横丁 万人	伊勢神宮内宮 万人	伊勢神宮計 万人
1980年	－	424.5	680.3
1990年	－	432.4	676.1
1995年	200.5	445.6	615.2
2000年	263.0	412.9	597.9
2002年	299.6	394.0	547.0
2003年	320.7	417.2	560.9

（資料：『伊勢福広報および伊勢市観光統計』より作成）

表 2-Ⅲ-2　伊勢市おはらい町・おかげ横丁の町並み保全の変遷

年　次	町並み保全への対応
1979 年	内宮門前町再開発委員会の結成
	おはらい町再構想計画書の作成
1980 年	内宮門前町再開発会議の結成
1982 年	内宮門前町町並み保存の要望書を市に提出
1986 年	都市計画コンサルタントによる調査実施
	「内宮門前町町並み修景保存等の請願」市議会で採択
1987 年	内宮門前町町並み調査報告書の発行
1989 年	伊勢市まちなみ保全条例の制定
1990 年	内宮おはらい町まちなみ保全地区並びに同保全計画の告示
1991 年	住民への計画説明と立ち退き交渉の開始
1992 年	おはらい町通り無電柱化工事の完成
1993 年	おはらい町通り石畳工事の完成
	おかげ横丁オープン
1994 年	内宮門前町再開発会議を伊勢おはらい町会議に名称変更
	おかげ横丁への年間入場者数 201 万人に
1995 年	内宮おはらい町が都市景観大賞を受賞
2003 年	おかげ横丁への年間入場者数 321 万人に

（資料：『伊勢福広報 2004 年 10 月 1 日』より作成）

　実際、内宮参拝者および、とりわけおはらい町訪問者が停滞・低迷化状況に落ち込むなか、300 年の歴史を有し伊勢を代表する和菓子屋として著名な老舗赤福を中心として、地元地域住民をも巻き込む形で、まちづくりが、表 2-Ⅲ-2 にみられるように展開された。例えば、まちづくりで重要な役割を果たしてきた伊勢おはらい町会議の 2004 年の会員 55 名中には、土産物店や飲食店をはじめとする商店経営者が主体をなすものの、伊勢神宮の宮さん、またサラリーマンや教員等も参加し、まちづくりに貢献してきたのである。
　おかげ横丁 2,700 坪の敷地内には、総事業費 140 億円で、江戸・明治期の伊勢路の代表的な建築が、1993 年に移築・再現され、電柱を地中に埋設した石畳の道が整備された。ここには、図 2-Ⅲ-1 のように、27 棟に物販店が 31 店舗、飲食店が 7 店舗、美術館・資料館が 4 館等 42 店舗（その経営形態につい

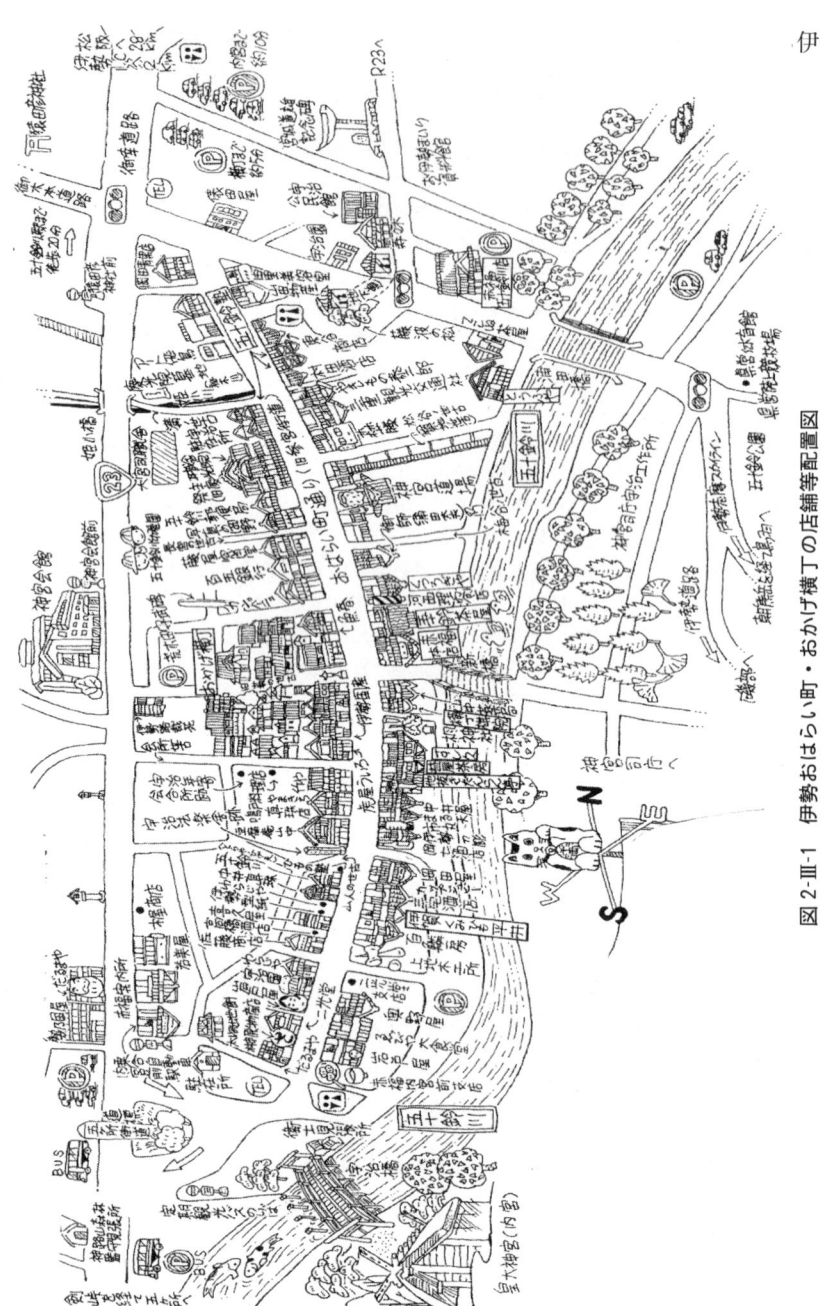

62　第2編　国際化時代の環境問題

図 2-Ⅲ-1　伊勢おはらい町・おかげ横丁の店舗等配置図

勢福直営の24店舗、委託の15店舗）が展開している。かくして2003年には、老若男女が年間約300万人以上も訪れる観光地へと変身した。2004年の入丁者は、京阪神や中京等地域からの、若い人をも巻き込む形で（入丁者の約4割が20歳代や30歳代）、少人数（同4割が2名、3割が3～4名）で家族（同6割）や友人（3割）と自家用車（7割）で、リピート（はじめての訪問は3割、2～3回が3割）[6]もみられるものとなっている。

そこには、地域資源としての歴史的遺産や歴史的町並み、また企業や人材を、地域の活性化へとうまく結びつける形での展開が、工夫や配慮を伴いながら、地元資本を中心に展開され、それが評価されているのである。

2. 新たなエネルギーとそれによる地域づくり

(1) 原子力発電問題と地域づくり

近年原子力発電の展開は、欧米先進国のみならず、またわが国においても、もはや従来とは異なり、その展開は必ずしも容易なものではなく、新たな段階に入ったといえる。事実ドイツでは、2002年の脱原発法の施行により、19ある原発は2020年までにすべて廃止されるし、ベルギーでも2003年には原発全廃法が成立[7]した。このように、先進国として多くの原発を展開してきた欧米、例えばアメリカ合衆国、ドイツ、イギリス、カナダ、スウェーデン、スペイン、ベルギー、スイス等においては、2004年現在建設中また計画中の原発[8]はみられないものとなっている。

わが国でもその傾向は顕著で、原子力発電の新設や増設は、2010年までの計画で、これまで10～13基であったものが4～6基へと半減する状況を呈する等、政府も大幅な下方修正[9]を見込んでいる。これは、電力需要の伸び悩みに加えて、規制緩和のもとで電力自由化による新規参入が、安全面への不安や懸念からも地域住民の反対運動や用地取得難が展開する状況等と相まって、展開しているからでもある。とくに従来独占市場とされてきた電力事業が、1996年に発電市場の自由化が、2000年には小売市場の自由化という形で、規

制緩和されたことによる影響には少なからぬものがあった。

　四国電力の窪川原発（高知県）が1989年に凍結されたのをはじめとして、2000年には中部電力の芦浜原発（三重県）が、また2001年には中国電力の萩原発（山口県）が、さらに2003年には東北電力の巻原発（新潟県）が断念された。また関西電力等の珠洲原発1号機・2号機（石川県）が凍結された他、日本原電の敦賀3号機・4号機（福井県）、中国電力の島根3号機（島根県）、電源開発の大間（青森県）原発等では、運転開始時期の延期が相次ぐ状況となっている。

　このような状況が展開するのは、これまで事故が発生する等、原発地域住民が不安感を抱かざるを得ない状況が時には深刻な形で頻発してきたからである。事実島根原発1号機で、定期検査を行っていた作業員が被爆する事件が、2003年12月に生じた。これは、同年11月に同原発の作業員が放射線被曝したものとは異なり、放射性物質を吸い込み内部被爆するはじめての事件[10]であった。また2004年8月には、関西電力美浜原発3号機で11人が死傷するというわが国の原子力発電史上最悪の事故[11]が発生した。国際評価尺度で「レベル0＋」とされたこの美浜原発3号機事故では、点検体制の不備、すなわち蒸気を噴出させた配管の破損部分は運転開始以来1度も点検されていないという、ずさんな実態さえ明らかとなった。

　また青森県六ヶ所村には核燃料サイクル施設が展開するが、それについて地域住民も、財政を豊かにすると76％が、雇用を増やし豊かになると55％[12]がその展開を評価し期待するものの、それは、不安や不満を抱えてのものに過ぎない。事実核燃料施設は危険と68％が、また情報についても不十分と51％が回答している。したがって、住民は、これ以上放射性物質を増やさないでと72％が回答している。電力資本が域外の建設業資本等を中心に他の資本をも巻き込む形で、推進者の論理を展開し、国や県と手を携えながら、電源3法をはじめとして法をも整えて、それにアメとムチを手に、地元の建設業者や行政担当者をも介して、その展開を迫り推進してきたゆえんである。

　事実原発が立地し展開するに当たっては、これまで拙稿[13]では、全国の発電量比率の25％（2003年）を持つ福井県、また島根県での展開状況を紹介し指

摘したように、手厚い保護等のアメとムチとがふんだんに使われてきた。これは、今なお手を変え品を変え細部にまで至るものとなっている。松江市が隣接する鹿島町の島根原発からの原発交付金2.4億円を家庭配布（各戸当たり年3,168円）していたものを、2004年度からソフト事業へも使えるようになったため、観光地のライトアップや町内活動の補助金に充てるため、2004年に中止したのも、その一例を示すものである。

そのような状況が展開されるなか、関西電力が運営し、関西空港に電気や熱を供給している関西国際空港エネルギーセンターが、2001～03年度の定期事業者検査で、架空の検査記録やデータの改ざんなど176件もの不備を行っていたことが判明[14]した。

このように、原子力発電が事故とその事故隠し[15]等を展開してきた状況が、わが国はもちろんアメリカ合衆国においても顕在化するなかで、内部告発も展開している。もちろんそれは、近年減少傾向にあるとはいえ、そのうち立証化された件数の割合は相当高いものとなっている。

実際アメリカ合衆国における原子力発電の告発件数をみると、1997年の924件が、2000年には435件、2002年のそれは448件へ、またそのうち1997年から2002年における告発立証件数率は、1997年の41％が、2000年には40％、2002年のそれは34％、したがって、1997年から2002年における告発立証件数率は38％と高い[16]ものとなっている。

このように内部告発が展開するのは、従来はあり得なかったが、内部告発の意義や告発者の保護化が、近年の制度の充実化のもとで一層理解されるようになったためでもある。事実企業や資本も今や、不始末とそれへの対応を誤れば、雪印乳業、浅野農産、また三菱自動車よろしく、会社は存亡の危機のみならず、まさに崩壊へと追いやられるのである。

電力資本も、原発事故やトラブルが展開するのみならず、東電の原発トラブル隠し等が国民や地域住民を不安と疑心暗鬼に陥らせ、原子力政策や行政も頓挫し見直しを迫られるなか、それへの新たな対応や戦略を展開しようとしている。例えば九州電力にはすでに4基の原子炉があるが、佐賀県玄海町は保守王国で地元住民の反発が比較的少なく好意的である点をも考慮しながら、玄海原

子力発電所で、原発で発生した使用済み核燃料からプルトニウムを取り出し、ウランと混合してMOX（プルトニウム・ウラン混合）燃料として再利用するといういわゆるプルサーマル計画を2008年度から実施[17]しようとしているのはこれに当たる。

(2) 新エネルギーによるまちおこし

人類は、とりわけ産業革命以来石油や石炭等化石燃料エネルギーへ依存しながら、経済成長を展開してきたが、近年地球温暖化にみられるように、もはや自然的なメカニズムでは緩和・解消しない規模での環境破壊が顕在化し、世界的・地球的規模で環境問題に対処することが必要となっている。このようななか、自然エネルギーを利用・活用する動きもみられる。また環境を意識したり環境を活かした企業づくりや地域経済の活性化への動きもみられる。

実際循環・リサイクル型産業の育成・展開、自然や再生エネルギーをはじめとする持続可能な自然エネルギーへの関心やその利用への試みには大きなものがある。地熱、波浪、水力、潮力等エネルギーがすでに開発され利用されている他、近年は太陽熱、バイオマス、風力の利用も急速に展開している。事実太陽光発電の世界の発電量に占める割合は、わが国では2001年の場合44％とトップを占めている。

またバイオマスエネルギーを活用するものとしては、例えば菜の花プロジェクトによる循環型社会の形成が地域モデル的とはいえ形成されようとしている。琵琶湖の環境保護に端を発する滋賀県環境生活協同組合の「菜の花プロジェクト」と称する取組み[18]はこれに当たる。

この滋賀県環境生協が1998年に提唱した「菜の花プロジェクト」[19]は、ディーゼルエンジンの軽油の代替燃料として、使用済み菜種油を再利用するというエネルギー革命をも意識したプロジェクトである。このプロジェクトは、全国37都道府県80地域に展開[20]している。水稲の休耕田等に栽培された菜種は、観光資源となるのみならず、食用油として利用された後、回収・加工され燃料として利用される。

また静岡県では、静岡県トラック協会が、2002年から菜種栽培を磐田市等

農家に委託し、全量を買い取り、試験的にトラックに利用しだした。また広島県大朝町、また岡山県玉野市や大佐町でもそのようなプロジェクトの展開やそれに端を発する活動がみられる。例えば玉野市では、エコライフたまのの「菜の花プロジェクト」が、玉野青年会議所、玉野市生活環境課、岡山県立興陽高校、玉野市消費生活問題研究協議会、ナイカイ塩業、原自治会等地元の商工会、行政、企業、高校、自治会等を中心として、環境に関心を持ち環境を守るため、2004年に「菜の花プロジェクトの秋の種まき第1回」を開催したのをはじめとして、地域の環境を点検したり、空き缶の回収等の美化活動等の実践活動[21]を展開しようとしている。

以上みたもの以外にも、再生エネルギーや自然エネルギーを利用しようとする動きが、近年展開・活発化しようとしている。事実わが国でも風力発電が急速に進展しており、そのようななかで、風力発電推進市町村全国協議会や風力発電事業者懇談会等4団体が、国立公園や国定公園内での風力発電施設の設置に関して許可を容易にする基準づくり[22]を求めている。これは、温室効果ガスの排出がなく環境に優しい風力による発電量を2002年度末の7倍の300万kWhに拡大する方針が掲げられているからである。これは、環境省が、景観保全面から、施設が稜線を分断しない等の基準骨子を打ち出そうとしているのに対し、4団体は、発電効率がいい尾根への設置を求めてのことでもある。

このような状況にあるわが国の風力発電については、近年急速に展開し、2000年の1.1億kWhが2002年には4.1億kWhへと増大した。このような展開や普及は、風力発電におけるコストダウン化、政府による普及の推進、使用義務化や補助金制度等による効果によるところが大である。事実新エネルギーの普及を目的とし、一定割合の自然エネルギーの供給を義務づけた新エネルギー利用特措法が2003年から実施されたのである。

しかし風力発電の普及や地位は、それが総発電量に占める割合が0.04%であることにみられるよう、なお極めて低位なものにとどまるところは大きな課題である。これは、わが国の場合新エネルギー利用措置法がその供給を義務づけた割合は発電量の1.35%と低位なものにとどまり、それを達成しさえすればその水準に甘んじることを許容する状況を醸し出しているという点では、風力発

電の展開や発展を阻害するものとなっている。

この風力発電の展開状況を地域的ここでは都道府県別にみると、北海道、東北、沖縄県等に目立つものとなっている。これは、風速等自然条件に恵まれているところでの展開が大きいのはもちろん、地域経済的また政治的状況によるところも大きいからである。

(3) 久居市の風力発電による地域活性化

三重県久居市は、西日本では風力発電が展開する数少ない地域として有名である。久居市は2006年に津市に編入されたが、ここでは、旧久居市という形で論じる。久居市は、三重県の中央部、またこれまで県庁所在都市津市の南に位置し、伊勢自動車道にみられるように名古屋や伊勢への南北交通の、また国道165号にみられるように中部圏や関西圏への東西交通の要所としての機能を持った都市である。2005年の人口は4.2万人で、そのうち従業人口（2000年）が2.1万人、またその産業別人口構成は、第2次産業が30.4％、第3次産業が65.2％と、第3次産業に特化した都市である。のみならず、津市への通勤人口が31.5％をはじめとし、他市町村での就業者率が53.3％を占める等、中部圏の通勤・ベットタウンでもあり、人口増加がみられる都市である。また日本3名泉榊原温泉や国定公園青山高原を抱える観光都市でもある。年間宿泊者数は、榊原温泉地域への年間入り込み観光客数が近年減少化傾向を示すとはいえ、例えば2004年の場合、32.6万人に上っている。また1999～2001年度における財政力指数は0.628となっている。このような状況のもとで、久居市は、1999年に「毎日・地方自治体賞奨励賞」、2000年に「新エネ大賞」を受賞した。

これは、久居市では、近年布引山地青山高原頂上部に久居榊原風力発電が、写真2-Ⅲ-4のように、建設される等風力発電への取組みがみられるからである。というのは、久居市は、風力発電の適地としての条件に恵まれているからである。すなわち風力発電の3条件、つまり、まず①風力については、笠取山（標高842m）は、その地名が強風が吹き旅人が傘を取られるほどのところに由来するように、日本海（若狭湾）から太平洋（伊勢湾）に抜ける風の道に当たり、年平均の風速が7.6m/sを超える風が、また航空自衛隊のレーダーサイト

Ⅲ　地域環境を活かしたまちづくり・地域づくり　*69*

写真 2-Ⅲ-4　久居市における風力発電

である笠取分屯基地への 2.2 万 V もの、②高圧線が敷設・整備されており、それを利用できた。また、③道路への近接性についても、風力発電施設のための資材等の搬入に欠かせない取り付け道路も、国道につながる復員 7m の有料道路であった県道が整備されていた等条件に恵まれていた。その土地の所有についても、市長が管理する特別地方公共団体榊原財産区が存在していたのである。

　このような状況のもとで、整備事業費 8.9 億円で行政が卒先して風力発電施設を建設・設置した。したがってこの発電施設は、750kW のオランダ製の風車 4 基（1 基当たり 200 万 kWh で、4 基で最大出力は 3,000kW で一般家庭 2,400 世帯分に当たり、市全世帯の約 16％に相当）が 1999 年に竣工された市直営の施設であり、通産省（現経産省）、NEDO から 4.16 億円の補助を、通産省の補助制度としては最初に適用される形で受けたものである。

　この導入に、地域新エネルギー等導入促進対策費補助金交付が果たした役割には大きなものがあった。事実久居市直営の久居榊原風力発電施設事業費 9.6 億円中補助金は 4.16 億円となっている。この久居榊原風力発電の発電量は、

2003年の場合772万kWhで、1kWh当たり11.7円でその売電額は9,490万円となっている。またその経費は、地方債等の年間償還金が4,500万円、人件費等の事務費が1,800万円、メンテナンス費が2,000万円等で計8,700万円となっている。

もちろんこの風力発電は、環境に優しいエネルギーを開発しそれを市のシンボルにしようとして導入されたものでもあり、金属摩擦音を生じない等騒音を押さえ、また景観に調和する配慮もなされている。

しかし風力発電施設が雇用面で果たす役割については、市役所職員3名と民間2名が雇用されるに過ぎず、必ずしも大きなものとはいえない。もちろんそれが果たすそれ以外の効果としては、毎年4,000〜5,000人が風力発電施設を訪れ、市のPRに一役買っている。これは、清少納言が枕草子で「湯はななくりの湯」と謳っているように、日本3名泉の1つである榊原温泉を抱え、またこの地域づくりが室生赤目青山国定公園に指定され、保養地として「関西の軽井沢」と称されているだけに、それがイメージ面や広報面で果たす役割には大きいものがあり、その効果は観光面でも活かせるのである。

久居市には市直営の4基の風力発電以外にも、第3セクターによる青山高原ウインドファームにより、2003年に、久居市（出資比率は25.8％）、大山田村（同25.8％）、JFEエンジニアリング（14.8％）、シーテック（14.2％で中部電力の子会社）、日本エネルギーなどが出資（資本金1.55億円）して、20基（久居市域には8基が立地、残り12基は大山田村にあり、750kW×20基で最大出力は1.5万kW）の風力発電が建設された。総事業費は42億円で、補助金は、第3セクターの場合地方自治体の半分と低位であるとはいえ、補助対象事業費36億円に対し4分の1に当たる9.6億円となっている。かくしてこの地域には、合わせて24基の風力発電が稼働することになり、本州最大規模の風力発電施設[23]が展開する地域となっている。

さらにまたこの第3セクター以外に、中部電力の子会社シーテックが、2006年に2000kWの風車8基を美土里村内に建設することになっている。これは、民間企業への新エネルギーに対する補助は低位とはいえ、2003年に施行されたRPS法（電気事業者による新エネルギー等の利用に関する特別措置法）が

定めた法定新エネルギー比率1.36％を中部電力が達成していないことに起因するものでもある。

3. 環境問題への取組みによる地域づくり

このように環境面での取組みは、地域の活性化、ここでは風力発電による地域の活性化としても活かせる。もちろん企業や地域づくりは、近年従来とは異なり、このように環境を意識し環境を題材として企業や地域自身そのものをそれにかけたり関連づけざるを得ない。実際高度成長期、とりわけ都市の成長期、なかでもバブル経済期には、ビル建設等建設業は、その発展と繁栄を環境に大きな影響を及ぼしながら展開してきたし、それは、都市気候という点でも環境の変化に大きく関わってきた。したがって、近年はそれへの配慮は欠かせず、それが目立つものとなっている。

このような状況のもと、建設業界にも屋上緑化への取組みとそれによる新たな発展への試みが展開している。例えば竹中工務店は、「設計に緑を」をスローガンに、1973年の大阪国際ビルをはじめ、1979年に朝日新聞東京本社、1995年にアクロス福岡、2002年に国立国会図書館関西館（5,000m^2の屋根に芝で緑化）等において屋上緑化を展開している。このようなビルの壁面緑化や屋上緑化については、ヒートアイランド現象が深刻で、大気汚染の防止・浄化や都市内氾濫とも関わる雨水の流出抑制効果からも、注目されるところである。

もちろんその展開に、法や行政の果たす役割も大きく、事実2004年の都市緑地法により、大規模敷地建築物の新・改築を対象として緑化率の最低限の規制が課されるとともに、駐車場や店舗等の屋上も、都市公園化することが景観緑三法により可能となった。東京都は、敷地面積が1,000m^2以上の民間および250m^2以上の公共施設の新増改築に際しては、20％の緑化を義務づけている。また北九州市、横浜市港北区、国土交通省では、屋上緑化や壁面緑化を取り入れた公共施設の建設[24]に取り組んでいる。

このような新たな環境への取組みは、他の分野や地域づくりでもみられる。福岡県福岡市と豊津町では、2002年以降新聞古紙を地域通貨と交換するリサ

イクルがNPO（新聞環境システム研究所）を中心に展開している。これは、30kgの新聞を地域通貨（ペパ）30PEPA（バスや鉄道80円分の割引券、自治体指定のゴミ袋5枚と交換できる）と交換するというものである。この取組みは、新聞紙のリサイクルにより、kg当たり30～40円のゴミ償却費が節約できる自治体からは、資源回収を受け持つNPOにkg当たり5円の助成金が支払われ、バス会社等にはNPOからペパの利用分に見合った代金が支払[25]われる仕組みで運営されている。

またこのような環境への新たな取り組みや地域づくりにおいて、行政、とくに地方自治体が果たす役割にも大きなものがある。環境対策の一環と位置づけられるISO14001の認証取得とそれを中心とした環境問題への取り組み、また地域と環境の再生を謳う環境を活かしたまちや地域づくりとしてのエコタウンづくりはこれに当たる。その展開は、岡山県や山口県においても顕著にみられる。

国際環境基準ISO14001を取得している自治体や事業所等の公的機関は、2000年8月には102件であったが、2004年6月には516件へと大きく増加している。もちろん1999年12月までにそれを取得した自治体等の事業所は、埼玉、岐阜、京都、大阪、大分の5府県、岩手県金ヶ崎町、仙台市、上越市、千葉県白井町、日田市、水俣市等の13市町区、東京都足立清掃工場、滋賀県工業技術総合センター、大阪府南大阪湾岸南部流域下水道組合等清掃工場や下水道工場および技術研究所等14事業所[26]に過ぎなかった。そういう意味では、多くの自治体の環境問題に対する取組みは、つい最近まで低位であったといえる。

このようななか、大分県は、ISO14001を都道府県としては全国で最初に取得したが、これは、大分県が、環境基本計画「豊の国エコプラン」において、環境と開発の調和に配慮して、総合的かつ計画的に環境保全政策を推進することを掲げている[27]ように、環境を行政の重要な柱と考えているからに他ならない。

また近年は、新たな産業や地域づくりとして、環境産業の展開が行政的にも必要とされており、エコタウン事業[28]がまさにその役割を担おうとしている。

III 地域環境を活かしたまちづくり・地域づくり　73

北海道
リサイクル（家電・紙容器）

札幌市
リサイクル（ペットボトル）・廃プラ油化

飯田市
リサイクル（ペットボトル・古紙）

富山市
リサイクル（廃プラ・木質廃棄物）

愛知県
低環境負荷マット・リサイクル（ニッケル）

兵庫県
リサイクル（廃タイヤガス）

広島県
RDF発電・廃溶解・リサイクル（衣料品）

山口県
セメント原料化（ごみ焼却灰）

青森県
リサイクル（焼却灰・ホタテ貝殻）

秋田県
回収・リサイクル（家電・非金属・廃プラ）

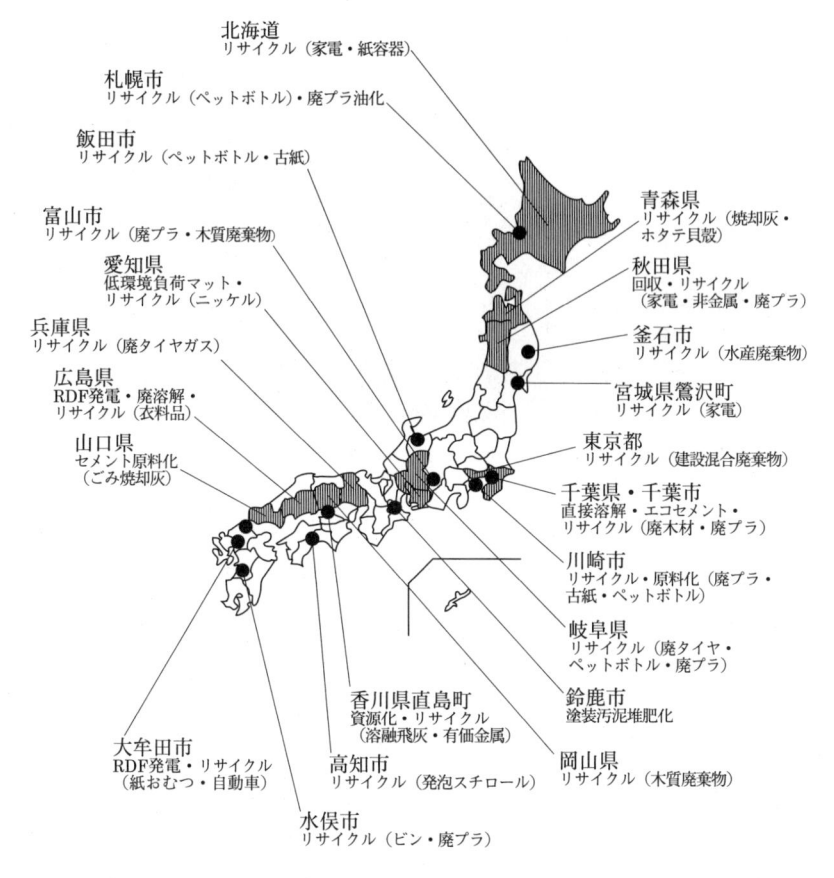

釜石市
リサイクル（水産廃棄物）

宮城県鶯沢町
リサイクル（家電）

東京都
リサイクル（建設混合廃棄物）

千葉県・千葉市
直接溶解・エコセメント・リサイクル（廃木材・廃プラ）

川崎市
リサイクル・原料化（廃プラ・古紙・ペットボトル）

岐阜県
リサイクル（廃タイヤ・ペットボトル・廃プラ）

鈴鹿市
塗装汚泥堆肥化

香川県直島町
資源化・リサイクル（溶融飛灰・有価金属）

大牟田市
RDF発電・リサイクル（紙おむつ・自動車）

高知市
リサイクル（発泡スチロール）

岡山県
リサイクル（木質廃棄物）

水俣市
リサイクル（ビン・廃プラ）

図 2-III-2　エコタウン事業の承認23地域の概要（11県12市町村、2005年）
（資料：『循環型社会白書平成17年版』（ぎょうせい、2005）より作成）

　1997年に創設されたエコタウン事業は、廃棄物を原料として活かす等により廃棄物ゼロといういわゆるゼロ・エミッションを実現し資源循環型社会を構築することにより、先進的な環境調和型まちづくりを推進しながら地域振興を図ろうというものである。2005年までに地域認証を受けた自治体は、図2-III-2のように、11県12市町の23地域に上る。
　そこには、地域的特徴もみられ、北九州市[29]では、アジアにおける「国際資源循環・環境産業拠点」都市を形成するべく、響灘の埋め立て地東部、とくに

写真 2-Ⅲ-5　自動車解体・リサイクル業者（北九州エコタウン）

　響リサイクル団地には、総合環境コンビナートエリアとして、地元中小企業やベンチャー企業を中心に、ペットボトル、家電製品、OA機器、自動車、蛍光管のリサイクル施設やリサイクル産業が、例えば写真 2-Ⅲ-5 のように、自動車解体業者が市街地から集団的に移転し、自動車リサイクルゾーンを形成する他、食用油、洗浄液・有機溶剤・廃プラスチック、空き缶、また古紙の家畜用敷わらへのリサイクル等企業がフロンティアゾーンにみられる。
　実際 N オートリサイクルの場合、資本金 1 億円の企業で従業員 35 名で月間 1,500 台の自動車の解体処理を行っており、パーツはリユースされ、残りのリサイクル率は 86 ～ 87%[30] となっている。かくして北九州市には、ISO14001 取得企業が 2002 年には 56 事業者、またコンクリートの再生、古紙や廃プラのリサイクルや廃材のチップ化をはじめとする環境産業に取り組む企業が 29 社展開している。
　また 1999 年度にエコタウンとして承認された秋田県北部 18 市町村では、かつて黒鉱と呼ばれていた硫化鉱が採掘されてきた世界有数の産地で、その処理技術は世界のトップ水準にあり、その技術また精錬所を活用して金属リサイクル事業を、また名高い秋田スギの産地として林業からの、また野菜産地からの廃棄物への処理対策上からも、資源循環型産業を育成する必要とそれによる地域の活性化やまちづくりを展開しようとする動き[31] がみられる。また 2002 年

に承認された青森県では、地域産業に関わりそれを活かすための焼却灰・ホタテ貝殻リサイクル施設が展開している。

このように、地域産業や地域の活性化[32]において、人材、企業、地域産業、環境、また歴史や文化をはじめとして、地域資源を新たな形で見いだしその特徴を生かし他にない独創的なものにしていくことは極めて重要な課題である。

注
1) ジェトロ（2004）:『ジェトロアグロトレードハンドブック2004』ジェトロ、pp.264〜272 および pp.678〜686。
2) 日経新聞 2004.6.5。
   国土庁地方振興局地方都市整備課（1998）:『地域づくり発見!』大蔵省印刷局、pp.114〜115。
   国土交通省都市・地域整備局都市総合事業推進室（2004）:『「元気なまちづくり」のすすめ』ぎょうせい、pp.1〜131。
3) 溝尾良隆・菅原由美子（2000）:「川越市一番街商店街地域における商業振興と町並み保全」人文地理52、pp.300〜315。
   国土交通省編（2004）:『国土交通白書2004年版』ぎょうせい、pp.3〜4。
4) 林野庁（2001）:『図説森林・林業白書2001年度』農林統計協会、p.5。
   林野庁（2002）:『図説森林・林業白書2001年度』農林統計協会、pp.50〜60。
5) http://www.rep-forest.com/hayami/2005/09/12.
6) 伊勢福広報2004年10月1日。
7) 志村隆（2005）:『地球環境白書最新今「地球」が危ない』学習研究社、p.97。
8) 矢野恒太記念会編（2005）:『世界国勢図絵2005/06』矢野恒太記念会、p.205。
   前掲注7）著書、p.113。
9) 朝日新聞 2004.2.23。
10) 朝日新聞 2003.12.3。
    http://www.sanin-chuo.co.jp/news/modules/news/103584006.html.2005/08/12。
11) 前掲注7）著書、p.90。
12) 秋本健治（2002）:「むつ小川原開発による六ヶ所村経済の変容」地域経済学研究第12号、pp.53〜71。
    朝日新聞 2004.3.1。
13) 拙著（1996）:『国際化と労働市場』大明堂、pp.185〜196。
    拙著（2004）:『開発から環境そして再生へ－地域の開発と環境の再生－』大明堂、pp.177〜184。

14) 朝日新聞 2004.6.1。
15) 原子力資料情報室（2002）：『検証東電原発トラブル隠し』岩波書店、pp.2～33。
16) 環境法政策学会編（2004）：『総括環境基本法の10年』商事法務、pp.126～130。
17) 朝日新聞 2004.3.1。
18) 山田実（2003）：「菜の花プロジェクトに見るバイオマスエネルギーの活用とその可能性」産業と環境32巻第1号、pp.43～46。
19) 拙著（2003）：『開発から環境そして再生へ－地域の開発と環境の再生－』大明堂、pp.206～207。
20) 藤井絢子（1998）：「「菜の花プロジェクト」から見えるもの」環境社会学研究第8号、pp.84～88。
朝日新聞 2004.2.23。
21) http://www.tamano-nanohana.com/torikumi/main.html.2005/09/22.
22) 朝日新聞 2004.1.16。
23) http://city.hisai.mie.jp/machi/project/power/gaiyou/index.html.2004.8.10.
24) 国土交通省編（2004）：『国土交通白書2004年版』ぎょうせい、pp.41～42。
総合社（2005）：イミダス2005、集英社、pp.316～317。
http://www.milt.go.jp/crd/city/park/gyomu/gi kaihatsu/okujyo.html.2004.07.10.
http://www.city.yokohama.jp/me/kohoku/suisin/kikaku/okujou.html.2004.9.15.
25) 朝日新聞 2005.5.28。
http://www.sklabo.piyo.com/sklabo6.htm/2005/09/12.
26) 山田明歩（2000）：「自治体のISO14001は地域住民を監査員にすべし」日経ECO21 2000.3、pp.30～31。
拙著（2001）：『破滅か再生か－環境と地域の再生問題－』大明堂、p.108。
27) 大分県（1998）：『環境基本計画豊の国エコプラン』大分県、p.2。
拙著（2001）：『破滅か再生か－環境と地域の再生問題－』大明堂、pp.109～110。
28) エコタウン事業が承認されると、プランの中核的事業である①リサイクル関連施設の整備事業と②プラン策定等調査や展示商談会の開催、地域情報の整備および講習会の運営事業に対して、補助率1/2の助成が実施される。
29) 拙著（2004）：『地域再生へのアプローチ－環境か破滅か－』古今書院、pp.163～173。
国土交通省編（2004）：『国土交通白書2004年版』ぎょうせい、pp.24～25。
30) http://www.kitaq-ecotown.com/bout/company/07_1.html.2003.8.20.
31) http://www.pref.akita.jp/sigen/ecowhat0305html.2003.8.20.
32) 坂本光司・南保勝編（2005）：『地域産業発達史』同友館、pp.1～338。

第3編

国際化時代の環境問題への取組み
－ISO14001をめぐって－

I

世界における国際環境基準ISO14001の認証取得状況と環境問題

　環境問題は、近年の社会的状況を背景に、経済的にも重要な役割を担い、エコビジネスとして急成長を続け、その市場や雇用規模は大きく拡大している。これは、環境問題への配慮や対応は、企業活動としても欠かせず、環境問題は経済的にも重要な役割を演じているからである。事実企業の環境への取組みをISO14001（国際環境基準）への対応やその認証取得状況からみると、世界各国の環境問題への取組み状況やその姿勢の一端を垣間みることができる。その状況は、表3-I-1にみられるように、大略の以下のように要約できる。

表3-I-1　世界におけるISO14001認証登録件数の推移

	2000年 %	2003年 %	2005年 件	2005年 %
日　　　　本	22	20	18,104	20
ド　イ　ツ	13	6	4,440	5
イ　ギ　リ　ス	8	8	6,223	7
スウェーデン	6	5	3,716	4
アメリカ合衆国	5	5	4,671	5
ス　ペ　イ　ン	2	7	6,523	7
中　　　　国		8	8,865	10
そ　の　他	44	41	36,258	42
世界総件数　件 %	18,032 100	66,702 100	88,800	100

（資料：http://www.ecology.or.jp/isoworld/iso14000/registr4.htm および
http://www.jari-rb.jp/_pages/page01.html より作成）

例えばISO14001の取得状況をみると、世界の取得総件数は、発効した1996年の12月の198件から2005年4月には8万8,800件へと大きく増加している。近年このように急増しているのは、国際的資格であるISO14001の取得は、国際的な企業として生き抜くために、またビジネスとしての商取引上必要と企業等が判断しているからに他ならない。競争力に打ち勝つために必要な製品の品質のみならず、環境にまで配慮した企業であるとの称号は、取引上、また社会的信用を得るためにも必要であり、企業の戦略として、営業活動的にもその一翼を担い、より有利との判断があるからに他ならない。加えて、企業活動の一環として、不況下で、また国際競争力が過酷化するなかで、コスト意識が高まっていることもその一因である。

　このような世界的な増加傾向に、わが国が果たす役割は大きく、例えば2005年4月の場合、わが国の取得件数は1万8,104件で世界の取得総件数の20.4%とほぼ2割を占めている。中国が8,865件で第2位、スペインが6,523件で第3位と続くが、わが国のそれとは大きな開きがある。さらに英国が6,223件で第4位、イタリアが5,304件で第5位、アメリカ合衆国が4,671件で第6位[1]と続く。環境先進国として国際的にも評価の高いドイツは、4,440件で第7位を占めるものへと大きく後退している。

　認証件数はこのように近年急増しているが、まだ認証制度自体が新しく、世界的には取得が普及するまでには至っておらず、国別取得順位は変容する要素が大きい。とはいえ、先進国なかでも環境また技術水準における先進国としてのドイツや英国に代表される西欧や、なかでも日本の取得には大きなものがある。なかでもとくに近年世界の工場として急速な発展がみられる中国の躍進には大きなものがある。事実2000年の状況をみると、世界総数1万8,032件中、日本が3,992件[2]と、国際的にも極めて高い水準にあるのをはじめとして、ドイツが第2位で2,300件（1999年には962社[3]で第3位）、さらに英国が1,400件で3位（1996年には322社で第1位）、スウェーデンが1,123件で4位、アメリカ合衆国が840件で5位[4]と続き、欧米等先進国を中心とする状況が維持されているといえる。

　またISO14001の認証取得企業の産業および業種的特徴については、従来の

ものから近年大きな変容がみられる。製造業、とりわけ電気や一般機械工業、化学工業をはじめとするものから、それ以外の部門、とりわけサービス業をはじめとするソフト産業や部門への変容であり、これは、国際的傾向でもある。事実世界のISO14001の取得状況を産業業種別にみると、1996年には電気機械工業が60％、一般機械工業が16％、化学工業が7％を占め、それ以外の部門は18％と低位なものであった。しかし、2001年12月末には、サービス業が25％とはじめてトップをなし、電気機械工業が18％で第2位、建設業が8％で第3位、金属工業が8％で第4位、一般機械工業が7％で第5位、化学工業が7％で第6位[6]を占めるものへと大きく変化した。

注
1) http://www.ecology.or.jp/isoworld/iso14000/registr4.htm.2003.12.10.
およびhttp://www.jari-rb.jp/_pages/page01.html.2005.9.2.
2) 拙著（2001）:『破滅か再生か－環境と地域の再生問題－』大明堂、p.91。
3) 拙著（2004）:『開発か環境か－地域開発と環境問題－』大明堂、pp.1～219。
4) 環境省編『環境白書2001年版』大蔵省印刷局、p.20。
5) 郵政省編（2000）:『平成12年通信白書』大蔵省印刷局。
JACIC情報60、pp.9～10。
6) 北村修二（2003）:『開発から環境そして再生へ－地域の開発と環境の再生－』大明堂、p.87。
http://www.ecology.or.jp/isoworld/iso14000/registr1.htm.2004.3.12.
北村修二・品部義博・杜富林（2004）:「岡山県におけるISO14001認証取得企業の環境問題への取り組みと課題」『岡山大学産業経営研究会研究報告書第39集』岡山大学産業経営研究会、p.4。

II

ISO14001の認証取得からみたわが国の環境問題への取組みと課題

1. ISO14001の認証取得と環境問題

近年の社会状況を背景に、エコビジネスは急成長を続け、その市場や雇用規模が大きく拡大したのは、脱硫装置やプラント等環境施設や設備をはじめとするハード面のみならず、近年はソフト面に関しても、例えば、環境マネジメントシステムであるISO14000シリーズの取得にみられるよう、その普及がめざましいからでもある。事実わが国企業の環境への取組みをISO14001の認証取得状況からみると、世界のトップ水準という際立って高い水準に位置[1]し、しかもその取得企業数は、1996年12月の198社が、1998年には1,204社、2001年8月には6,261件[2]、さらに2003年7月には1万2,392件と、ここ7年で63倍にも急増している。したがって、日本企業の認証取得数が世界に占める割合は、1996年の13%が、2003年7月には23%へと増大したのである。そこには、わが国の企業活動の特徴、すなわち方向づけられ、契機づくと一斉に展開しようとするわが国の追随主義的な企業行動も垣間みることができる。これは、IT関連の普及は、例えば、インターネットの普及率が、わが国の場合21%と、アイスランドやスウェーデンの45%や44%はもとより、アジアの台湾の22%や韓国の21%に比しても低位[3]といえることからもわかるところである。

このような急増は、もちろん国際環境水準の取得や環境保全への試みが企業にとっても欠かせず、環境保全への試みが、企業戦略として展開されるからで

ある。事実ISO14001の認証取得企業は、わが国において重要な産業分野をなしてきた製造業がその中心をなしている。これは、JIS（日本工業規格）にみられるよう、環境マネジメントシステムの取得や環境保全への試みが企業の技術水準そのものを示し、国際企業として展開するには、それなりの高い技術水準を持つとともに、環境にまで配慮した企業と評価されることが、企業イメージとしてだけではなく、企業戦略としてビジネス取引上また社会的信用を得るためにも欠かせない重要な関心事となっているためでもある。それは、とりわけ国際的に展開する企業、またそれらに関わり協力する関連企業等においては、その取得が必要となっているからである。加えて、不況下で、国際競争力が苛酷化するなか、コスト意識が高まっていることもその一因である。

実際、環境問題への取り組みは、製造・輸送・販売・リサイクル部門をはじめとして、企業内での社員教育、また製品やサービス活動において、また株主や投資家、消費者、地域住民や市民をはじめとする地域や社会へのサービスや社会的責任としても必要であり、環境情報の開示等も重要な関心事となっている。事実環境情報を開示している企業は、1996年の322企業が、2000年度には1,036社へと、またこのうち環境報告書を公開している企業は1996年度の95企業から430企業へと大きく増加[4]している。

2. ISO14001の認証取得企業の特性

ISO14001の認証取得企業を産業業種的にみると、その多くは、表3-Ⅱ-1のように、これまで製造業、なかでも電気機械工業や化学工業が中心をなしてきたが、近年、状況変化もみられる。電気および化学工業以外分野の企業の台頭化がこれに当たる。実際1996年には、電気機械分野企業の取得件数が、わが国の取得件数全体の60%（1998年のそれは48%とほぼ半数）と圧倒的な割合を占め、一般機械分野が16%（同11%）、さらに化学工業分野が7%（同8%）を占めていたが、2002年には、電気機械分野が15%で第1位を、化学工業分野が8%で第3位となお高い比率を示すものの、両者のそれは23%へと大きく低下した。それ以外の製造業としては、輸送用機械が6%、金属製品が6%、

表 3-Ⅱ-1　わが国における ISO14001 取得企業の業種別割合の推移
　　　　（1996 ～ 2005 年）

	1996 年 %	2001 年 %	2005 年 %
電 気 機 械	59.6	19.9	11.2
一 般 機 械	15.8	6.7	4.4
化 学 工 業	7.0	9.3	5.8
総 合 工 事 業		6.5	7.3
輸 送 用 機 械	17.6	6.1	4.3
サ ー ビ ス 業		8.1	10.6
そ の 他		43.4	56.4
総件数　　件	198	6,648	18,511
%	100.0	100.0	100.0

（資料：日本規格協会資料より作成）

一般機械が 6%、廃棄物処理業が 4%[5] と続く。一方、製造業以外では、近年サービス業や地方自治体での、また建設業での取得も顕著にみられる。事実サービス業での取得が全体の 9%で第 2 位部門をなし、総合工事業が 7%で第 4 位をなしている。また地方自治体が 4%、各種商品小売業が 2.9%等と、それ以外の部門では、なお低位のものにとどまっている。このような製造業、とりわけ電気や一般機械工業、化学工業をはじめとするものから、それ以外の部門への変容は国際的傾向でもある。

　また地域的にみると、日本の ISO14001 の取得企業の所在地は、表 3-Ⅱ-2 のように、都市部とりわけ大都市地域にその展開が顕著にみられる。東京圏、なかでも東京都とその近郊の神奈川県、千葉県、埼玉県に集中し、2002 年の認証取得件数 1 万 142 件中東京都の 9%を筆頭に、神奈川県が 536 件で 5%、埼玉県が 398 件で 4%、千葉県が 249 件で 3%と、これら 4 県で 21%を占めている。もちろんこれらの地域では、近年その地位の低下が顕著にみられるのも事実で、2001 年にはこれら京浜地域の合計が 28%を占めていたし、また 1998 年の場合にも、図 3-Ⅱ-1 のように、1,204 事業所中東京圏が 283 事業所、大阪圏が 147 事業所、名古屋圏が 136 事業所を占め、都道府県別には、神奈川が 10%、茨城が 7%、東京が 6%、埼玉が 5%、栃木が 4%、愛知が 6%、静岡が

84　第3編　国際化時代の環境問題への取組み－ISO14001をめぐって－

表 3-II-2　地方・都道府県別にみた ISO14001 の認証取得件数（2002年9月）

地方・都道府県名	件数および比率　件（比率%）
北　海　道	185（　1.8）
東　　　北	623（　6.1）
関　　　東	2,700（ 26.6）
うち　東　京　都	905（　8.9）
神 奈 川 県	536（　5.3）
埼　玉　県	398（　3.9）
中　　　部	2,329（ 23.0）
うち　愛　知　県	768（　7.6）
静　岡　県	458（　4.5）
長　野　県	341（　3.4）
関　　　西	1,845（ 18.2）
うち　大　阪　府	673（　6.6）
兵　庫　県	370（　3.6）
中　　　国	490（　4.8）
四　　　国	188（　1.9）
九 州・沖 縄	544（　5.4）
その他（広域・全国的展開）	1,238（ 12.2）
合　　　計	10,142（100.0）

（資料：日本適合性認定協会資料より作成）

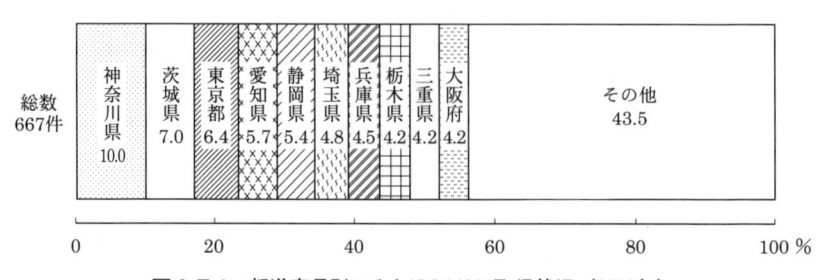

総数 667件　｜神奈川県 10.0｜茨城県 7.0｜東京都 6.4｜愛知県 5.7｜静岡県 5.4｜埼玉県 4.8｜兵庫県 4.5｜栃木県 4.2｜三重県 4.2｜大阪府 4.2｜その他 43.5｜

図 3-II-1　都道府県別にみたISO14001取得状況（2000年）
（資料：環境ISO自治体ネットワーク（NEILA）調査資料より作成）

5％、兵庫が5％、大阪および三重がともに4％となっていた。

　もちろんそこには、さらなる地域的特徴がみられ、愛知県では、自動車産業の認定事業所数が26.8％と、電気機械のそれ18.3％や一般機械工業のそれ11.3％[6]等を上回っていた。一方、さらに地方で工業が重要な産業部門をなす岡山県の状況をみると、図3-Ⅱ-2のように、取得企業58社中電気機械が15社で25.9％とトップをなし、次いで化学工業が11社で19.0％、さらに総合工事業、繊維工業、食品製造業等が続くものとなっている。

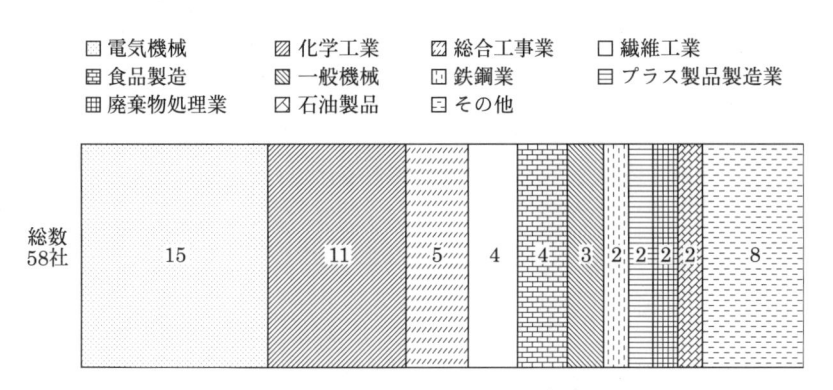

凡例：
□ 電気機械　　▨ 化学工業　　▨ 総合工事業　　□ 繊維工業
▨ 食品製造　　▨ 一般機械　　▨ 鉄鋼業　　　　▤ プラス製品製造業
▦ 廃棄物処理業　▨ 石油製品　　▨ その他

総数58社： 15 ｜ 11 ｜ 5 ｜ 4 ｜ 4 ｜ 3 ｜ 2 ｜ 2 ｜ 2 ｜ 2 ｜ 8

図3-Ⅱ-2　岡山県におけるISO14001取得企業の業種別企業社数（2000年）
（資料：環境ISO自治体ネットワーク（NEILA）調査資料より作成）

　一方、2002年の東京圏以外の状況については、中部ではとりわけ愛知県、静岡県、長野県が、京阪神では、大阪府、兵庫県での展開が目立つ。愛知県が768件で8％、これに静岡県、岐阜県、三重県を加えた中京圏が17％を、また大阪府が673件で7％、これに兵庫県と京都府を加えた京阪神が12％を占めている。もちろん広域的・全国的な展開を示す企業も多く、それは、その他として1,238件で12％を占めているが、その多くは、本社・本店は大都市地域、とりわけ3大都市なかでもとくに東京に本社をおく企業である。

　このように愛知県、神奈川県、静岡県、長野県等においてISO14001の取得が目立つのは、例えば愛知県は、工業出荷額が全国で第1位を示すように、とりわけ自動車工業や電気機械工業に象徴される製造業が展開し、それらの企業

86　第3編　国際化時代の環境問題への取組み－ISO14001をめぐって－

金融業　38件

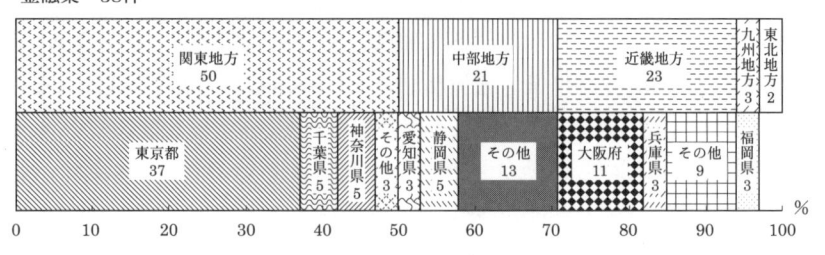

電気機械　1,509件

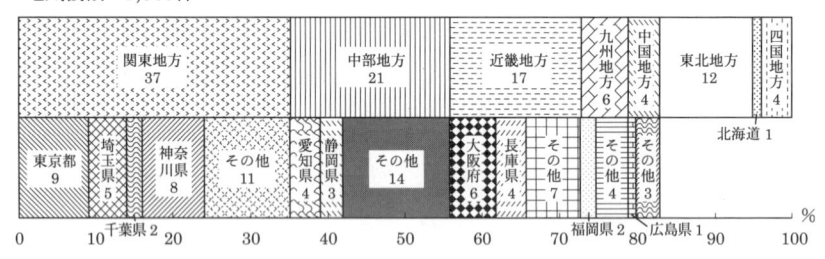

廃棄物処理業　240件

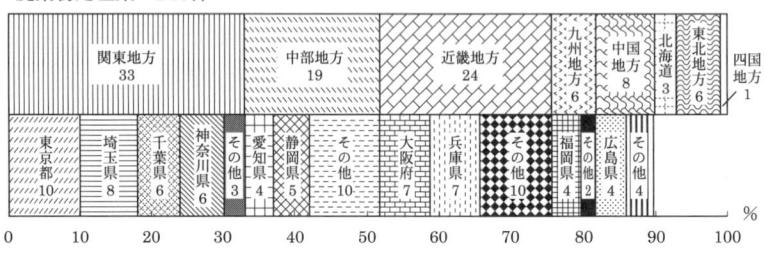

地方自治体　220件

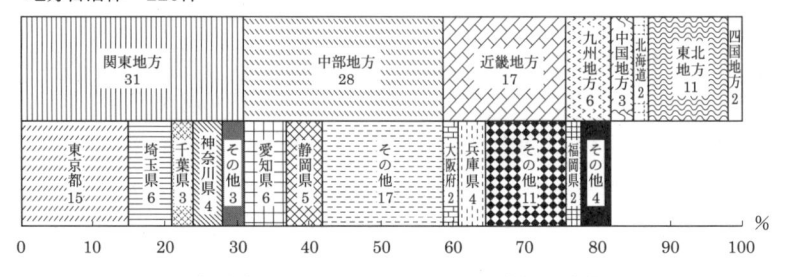

図3-Ⅱ-3　都道府県別にみたISO14001取得企業数の構成（2001年）
（資料：日本適合性認定協会資料より作成）

は、国際競争力で海外からも高い評価を得ているし、国際戦略上そのような評価を必要としているためである。

　地方にも製造業が展開するが、全国的さらに国際的戦略を打ち出す必要のある企業は低位で、ISO14001の取得についてもその占める比率は低位で、北海道が185件で2％、四国地域が188件で2％、中国地域が490件で5％、九州・沖縄地域が544件で5％を占めるにとどまる。

　もちろん産業構造の地域的差異やその立地特性から、地域によりISO14001認証取得企業の業種構成に明瞭な違いがみられるのも大きな特徴である。例えば、最も認証件数の多い電気機械工業部門の地域的展開は、拙著でも指摘[7]したように、また図3-II-3にもみられるように、2001年の場合東京（全国の電気機械工業の認証総件数に占める比率9％）や神奈川（8％）等関東の37％を筆頭に、愛知（同4％）等中部地方（21％）、大阪（6％）等近畿地方（17％）、さらには東北（12％）にみられる。また近年その役割が社会的に重要で取得件数でも大きな部門を占める産業廃棄物処理業は、東京（全国の産業廃棄物処理業の認証総件数に占める比率10％）とその近郊である埼玉（同8％）等関東の33％を筆頭に、大阪（7％）、兵庫（7％）等の近畿の24％、静岡（5％）、愛知（4％）等の中部の19％等、都市とりわけその近郊地域に目立つ。また金融業については、東京（37％）等関東（50％）が半数を占めるのをはじめとし、大阪（11％）等近畿（23％）、静岡（5％）等中部（21％）に代表される都市部に、また地方自治体の取得状況も同様に、東京（15％）等関東（31％）をはじめ、愛知（6％）、静岡（5％）等中部（28％）、近畿（17％）等の都市地域にその展開が目立っている。

3.　ISO14001の承認機関とその特徴

　またISO14001の適合を審査する登録サービス機関は、日本適合性認定協会資料[8]によると、2001年には全国で40機関（これらの機関での審査登録済み企業数は5,662件）、さらに2006年1月のそれは43機関となっている。その企業の所在地はもちろんその取り扱い企業や部門についても特徴が顕著にみら

れる。

　ISO14001の取り扱い企業については、2005年の43登録機関別登録件数構成は、財団法人日本品質保証機構がわが国の登録企業社数全体の25.7％（2001年のそれは1,594件で28.2％）を占めるのを筆頭に、株式会社日本環境認証機構が15.1％（2001年のそれは1,161件で20.5％）、さらに日本検査キューエイ株式会社が6.4％と続く。もちろんそこには、登録機関の、また取り扱い企業の特性がみられる。

　事実審査登録機関日本自動車研究所は、2005年においてわが国の全登録数の3.3％の登録を取り扱った企業であるが、その取り扱いは1996年にトヨタ自動車堤工場（愛知県）を認証したのをはじめとして、デンソー安城製作所（愛知県）、日産自動車追浜地区（神奈川県）等自動車およびその関連企業によって占められ、自動車部門の登録を扱ってきた企業と特徴づけられる。実際日本自動車研究所審査登録センターは、2001年の場合244件中192件が自動車とその関連企業によって占められている。またその取り扱った企業の所在地については、愛知県、神奈川県等、東京圏、京阪神、中京等を中心とした太平洋ベルト地帯の自動車産業とその関連企業が展開する地域に顕著にみられる。

　以上のように、環境への対応が急速に必要とされるなか、企業が成立したり展開する背景そのものが異なり、それを背負った特徴ある展開が、ISO14001の取得企業やそれを取り扱う認証登録機関企業とそのテリトリー[9]にもみられる。もちろんそれは、電気機械や化学に代表される製造業部門、なかでも特許や技術等部門、また環境部門のサービス業のみならず、サービス業そのものにも市場を拡大させる形で展開がみられる。これは、ISO14001の取得に関しても、技術水準の高さや国際性の必要性の格差やそれを認識する度合いが、産業、また業種や部門的にも、またその経営規模、さらにはその所在地においても多様なためである。国際化時代ゆえに国際的・世界的な展開をなし得る部門や企業や地域とそうでないものへの2極化が大きく顕在化しようとしている。

注

1) 北村修二・品部義博・杜富林（2004）:「岡山県におけるISO14001認証取得企業の環境問題への取り組みと課題」『岡山大学産業経営研究会研究報告書第39集』岡山大学産業経営研究会、pp.1～31。
2) 拙著（2003）:『開発から環境そして再生へ－地域の開発と環境の再生－』大明堂、p.86。
3) UNDP（2001）:『人間開発報告書2001「新技術と人間開発」』、国際協力出版会、p.13。
4) 環境省編（2001）:『環境白書2001年版』大蔵省印刷局、pp.90～91。
5) http://www.jsa.or.jp/iso14000/htm.2002.11.8.
6) 名古屋市（1998）:『産業の名古屋'98』名古屋市、pp.55～56。
   http://www.jab.or.jp/jpn/htm.2001.9.25.
7) 前掲注2）拙著、p.89。
8) http://www.jab.or.jp/jpn/htm.2001.9.25.
9) 前掲注1）著書、pp.91～94。

Ⅲ

ISO14001の認証取得への取組みと課題
－岡山県下の取組みを事例に－

　次に、企業の環境問題への取組み状況とそれが展開する背景について以下検討する。地方でなお工業が重要な部門をなす岡山県においても、環境問題への取組みは避けて通れない重要な課題となっており、ISO14001の認証取得企業数は近年急増し、1998年の21件が、2001年には108件、また2003年には205件、さらに2006年には275件へと増大した。

　2003年における認証取得企業の業種別特徴については、図3-Ⅲ-1にみられるように、岡山県では、全国の状況に比して、製造業部門の割合が高いものとなっている。事実2003年の場合、岡山県下取得企業202社中その他の製造業

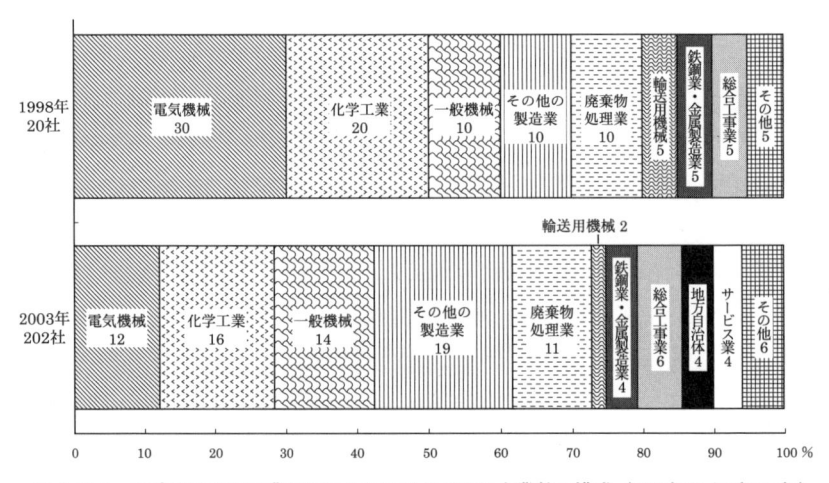

図3-Ⅲ-1　岡山県における業種別にみたISO14001取得企業数の構成（1998年および2003年）
（資料：日本規格協会資料より作成）

が38社で19％とトップを占めるのを筆頭に、次いで化学工業が32社で16％、また一般機械が14％、電気機械が12％と目立ち、さらに廃棄物処理やリサイクル業が11％、総合工事業、鉄鋼業・金属製造業、地方自治体、サービス業等が続く。もちろんこれは、岡山県下では従来から製造業の色彩が色濃いものの、製造業の内容に変化が、また製造業以外の部門へのISO14001認証取得の拡大・普及化がみられるからである。実際1998年の認証取得状況は、電気機械が30％とトップを、次いで化学工業が20％と両者で50％と半数を占めるのをはじめとして、一般機械、その他の製造業、廃棄物処理・リサイクル産業が続く等、ほぼ製造業部門で占められていた。また2001年のそれも、その他の製造業の23％を筆頭に、化学工業が17％、電気機械が16％と、これらが目立つものであり、それらは近年の変容を示すものとなっている。

　もちろんその業種別特徴は、東京のそれと比較するとさらに明瞭で、すでに指摘[1]し、図3-Ⅲ-2にもみられるように、東京ではサービス業を筆頭にして、電気機械工業や総合工事業やその他の製造業等、都市型産業としてのサービス業や建設業および製造業、とくにその本社や本店機能が目立つのに対し、岡山県においては、その他の製造業や電気機械工業、化学工業等をはじめとする製

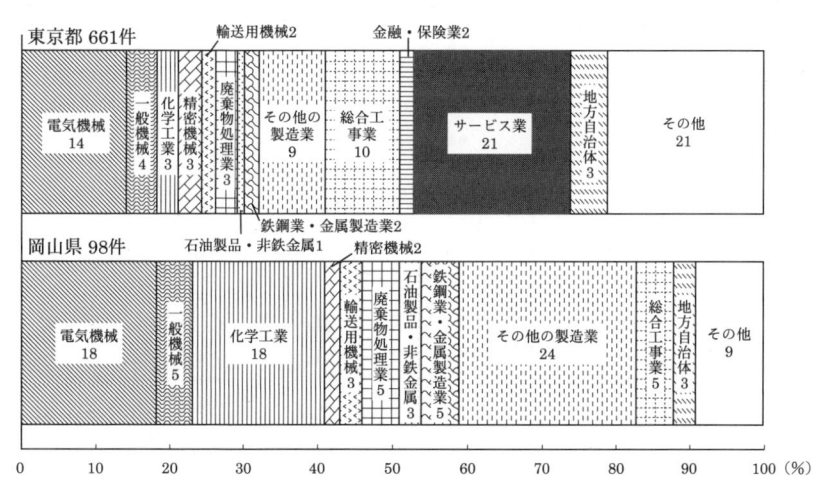

図3-Ⅲ-2　東京都および岡山県における業種別ISO14001取得企業数構成
　　　　（資料：環境ISO自治体ネットワーク資料より作成）

造業企業、またその支社・工場的色彩をも帯びたものの展開がみられるのが特徴である。

またISO14001を取得した企業および地方自治体の所在地、つまり地域的状況については、図3-Ⅲ-3のように、極めて特徴的である。それは、都市部地域、とりわけ県南のそれへの集中化が顕著で、岡山市や倉敷市をはじめとして、都市部の製造業や都市施設が展開する地域にそれは目立っている。

実際2003年の場合2000年の状況とは異なり、岡山市が59件で29％を占めて筆頭をなすものへと変わり、倉敷市が50件で25％を占めこれに続く等、両市で半数以上を占めている。他には、総社市が7％、津山市が4％、笠岡市

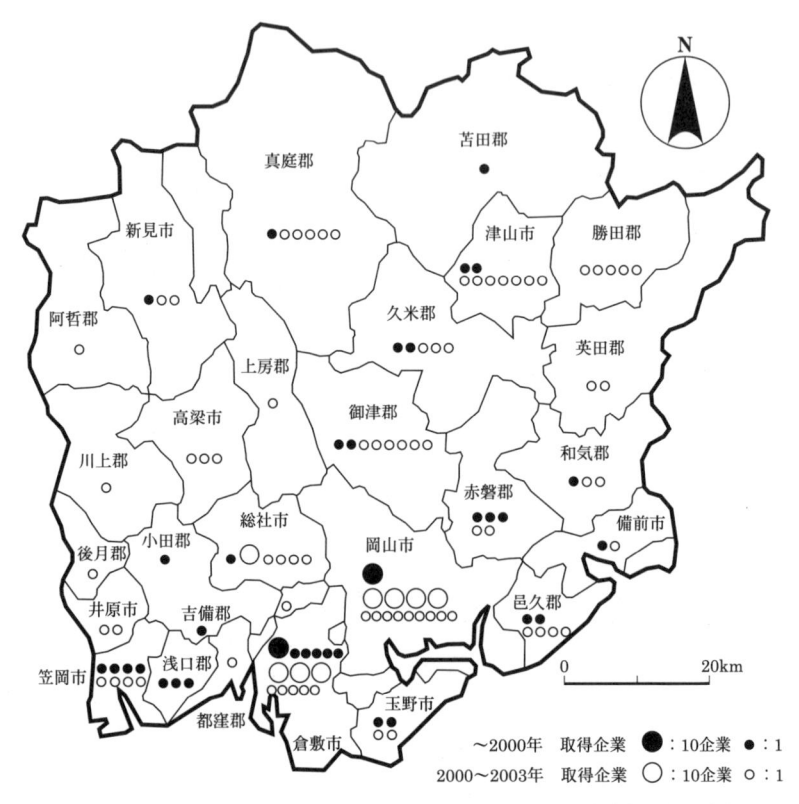

図3-Ⅲ-3　岡山県における市郡別にみたISO14001取得企業数（2003年）
（資料：日本規格協会資料より作成）

が4%等と続く。これは、2000年の状況に比して、両市とくに岡山市への集中化が目立つ。実際2000年の場合、図3-Ⅲ-3の黒丸のように、倉敷市が15企業で28%とトップを占めるのを筆頭に、岡山市が10企業で19%とこれに次ぎ、両市で47%を占めるのをはじめとして、笠岡市が8%を占める等他の都市に、また赤磐郡と浅口郡もともに6%を占める等郡部にもそれなりの展開がみられた。これは、1998年の状況に比しても、両市とくに倉敷市への集中化が目立つ。実際1998年の場合、岡山・倉敷両市の他、笠岡市や津山市等他の都市に、また御津郡や浅口郡や久米郡の郡部にもそれなりの展開がみられるものであった。

　以上のように、岡山県におけるISO14001認証取得企業は、大略、工業、人口、都市や都市施設が展開する岡山県南の岡山市や倉敷市等都市部地域に目立つ。一方、県北とくにその北東部や北西部等の農山村地域では、その展開は希薄なものにとどまる。これは、業種的にまた規模的にも、本社や分工場を含めて、国際化や環境を意識し、それへの対応をISO14001の取得においても展開することが、必要な企業とそうでない企業とが、また必要な地域とそうでない地域とがあり、その違いが国際化のなかで近年鮮明に現れた結果といえる。つまり岡山県北等のとりわけ農山村等地域では、業種や地域性等からISO14001等国際的戦略や企業評価等をそこまで意識する企業が、十分に展開する状況にはないことを端的に示すものでもある。

注
1)　北村修二（2003）:『開発から環境そして再生へ－地域の開発と環境の再生－』大明堂、pp.88～91。

Ⅳ

ISO14001の認証取得の背景と課題

　以上のような展開を示す岡山県下におけるISO14001認証取得企業の環境問題への取組み状況と課題を、ISO14001への企業の取組みとその背景を中心に、以下明らかにする。まず企業がISO14001を認証取得する背景から検討する。このため、岡山県下においてISO14001を認証取得している企業中宛先が確認できた198企業に、ISO14001に関するアンケート調査票を2004年2月に配布し、112社団体の有効回答（有効回答率57％）を得た。その結果を中心に、ISO14001の取得企業の環境への取組み状況とその背景やそこでの課題を、以下明らかにする。

　まずISO14001取得企業の概略については、本社（本店）・支社（支店）別には、本社・本店が67社で60％と、支社・支店の40％を上回り、また資本金は1社当たり333億円と高い。事実資本金別構成は、資本金3千万円未満の企業が24％、3千万円〜1億円の企業が26％、1〜10億円の企業が21％、10〜100億円の企業が16％、100億円以上の企業が13％を占めている。またその従業員数は平均623人と高い値を、また従業員の平均年齢は40歳で充実したものとなっている。また経営規模は、従業員数規模からみると、100人未満の企業が28％、100〜300人未満の企業が26％、300〜1,000人未満の企業が36％、1,000人以上の企業が10％を占めている。また環境への取組みをはじめ、その行動は積極的なものといえる。ISO9001の取得企業は60％、また環境報告書も46％の企業が発行している。

　したがって、近年の経営状況については、図3-Ⅳ-1のように、良いが19％、少し良いが27％、どちらとも言えないが29％に対し、少し悪いが16％と低位なものとなっている。もちろん経営規模的には、従業員数が100人未満の零細

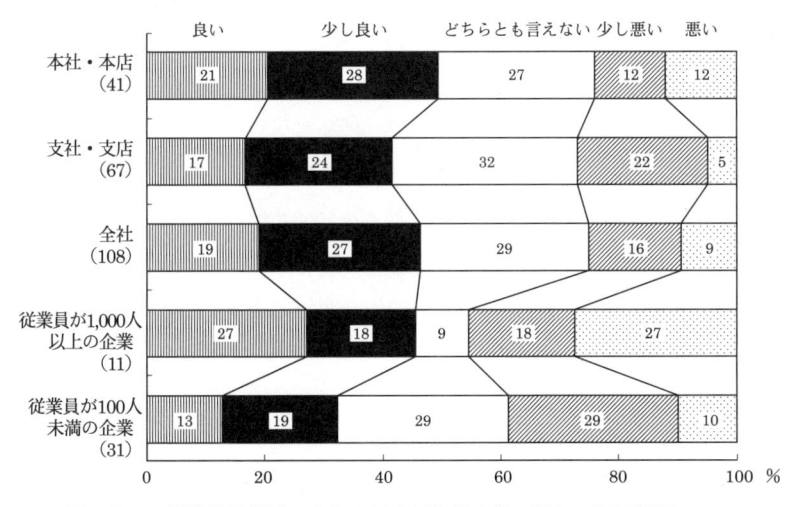

IV ISO14001の認証取得の背景と課題　95

図3-IV-1　従業員規模別にみたISO14001取得企業の近年の経営状況
（資料：アンケート調査より作成）
（備考：（　）内の数値は回答企業数を示す）

表3-IV-1　本社・本店、支社・支店別にみた ISO14001 取得企業の課題

単位：％

企業としての課題	本社・本店	支社・支店	全社
合理化・経費節減・コストダウン	78	88	82
収益	84	72	79
販売・売上対策	52	47	50
環境対策	28	60	41
人件費	33	33	33
消費者・顧客対策	30	21	26
地域住民への配慮や市民・住民運動対策等	13	16	15
用地・処分場の確保	9	12	10
立地	3	2	3
その他	1	0	1

（資料：アンケート調査より作成）

企業では、少し悪いとの、またどちらとも言えないとの回答が、一方、従業員数が1,000人以上の大規模な企業では、良いとの、また悪いとの回答が目立っている。

また企業の課題としては、表3-Ⅳ-1のように、合理化・経費節減・コストダウンの82%を筆頭に、収益が79%、販売・売り上げ対策が50%、環境対策が41%、人件費が33%、消費者・顧客対策が26%となっている。もちろんそこには本社・本店と支社・支店別の特徴もみられる。本社・本店では、収益が84%と極めて高い値を示すのに対し、支社・支店のそれは72%となっている。一方、合理化・経費節減・コストダウンでは支社・支店の方が88%と、また環境対策では、支社・支店の方が61%と高いのに対し、本社・本店のそれは28%と低位なものにとどまる。経営規模的には、従業員数が1,000人以上の大規模な企業では、図3-Ⅳ-2にみられるように、とくに合理化・経費節減・コストダウン、環境対策、消費者・顧客対策、地域住民への配慮や市民・住民運動対策等、用地・処分場の確保等の回答が目立っている。

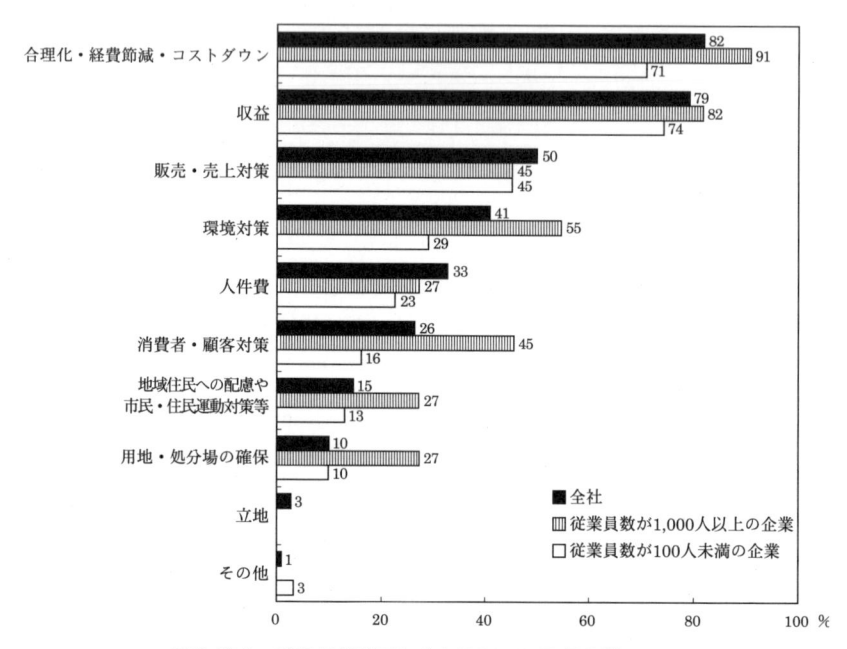

図3-Ⅳ-2　従業員規模別にみたISO14001取得企業の課題
　　　　（資料：アンケート調査より作成）

このような特徴を持つISO14001の認証企業が、ISO14001を取得した理由としては、表3-Ⅳ-2のように、まず社会的責任上という回答と環境対策の一環としてという回答がともに67%（以下複数回答）と、理由のトップをなしている。企業は、これまでの対応から、また現在の社会的状況からも、環境対策の必要性とそれへの社会的意義を感じざるを得ない。とくにこれを、本社・本店と支社・支店別にみると、本社・本店では社会的責任上が66%と、一方、支社・支店では特に環境対策が78%と高水準に位置する等の特徴には留意しておきたい。これは、とくに環境対策の必要性や社会的責任については、その対応を迫られることの多い支社や支店また分工場等ではより強く認識されているし、現実的なものとなっているわけである。

次いで取引上の必要性が63%と、取得理由の第3位をなすものとしてあげられるが、これは、企業の特性とも関わるもので、本社や本店、また支社や支店また分工場でも、ほぼ同水準の評価であるとわかる。またイメージアップ

表3-Ⅳ-2 本社・本店、支社・支店別および従業員規模別にみたISO14001の取得理由

単位：%

取得理由	本社・本店	支社・支店	全社	従業員が1,000人以上の企業	従業員が100人未満の企業
社会責任上	66	69	67	73	58
環境対策の一環として	60	78	67	82	61
取引上の必要性を意識して	64	62	63	55	48
イメージアップのため	58	56	57	45	65
地域住民等への環境対策を意識して	36	31	34	27	35
国際戦略上必要と判断したため	22	40	29	36	19
他企業や他の組織の先例等を意識して	24	20	22	45	16
管理体制の必要から	24	18	21	18	26
経費節減のため	22	16	20	27	16
本社・本店との関連から	10	24	16	9	13
業務上の必要上また業務サービスの一環として	21	9	16	9	10
消費者を意識して	10	16	13	18	6
国や県等の指導や要請を意識して	7	4	6	18	3
その他	7	2	5	9	6

（資料：アンケート調査より作成）

が、取得の第4位の理由として、57％の企業であげられている。

　次いで、地域住民等への環境対策を意識してとの理由が34％、さらに国際戦略上の必要性が29％と続くが、ここにも地域性や企業の特性、とくにその本社・本店と支社・支店や分工場との違いが明瞭にみられる。事実とくに国際戦略上の必要性は、岡山に本社・本店のある企業では22％と企業の4分の1以下であげられるのにとどまるのに対し、本社が他地域にあり、岡山県にも支社や支店また分工場を持つ域外資本の経営規模は大きく、したがって、支社や支店では、その値は40％と高い値を示している。

　他企業や他組織の先例等を意識してが22％、また管理体制の必要性が21％、経費節減のためが20％、さらに業務上の必要性や業務上のサービスと、消費者を意識してとが、ともに16％と続く。これらは、競争のなかで他社を、管理や経費、また業務上のサービスや消費者を意識せざるを得ない企業の特徴を示すものである。ここでは、本社・本店と支社・支店や分工場との間にその比率に大きな違いがみられない。もちろん経費節減への志向は本社・本店で、また本社・本店との関連は、本社・本店を向きがちでそこからの指示待ち機構のなかに位置づけられる支社や支店で高い比率を示すのも事実である。これらは、各企業の声、例えばマネジメントの強化のためや社員教育の一環として、利潤をあげるための切り口として活用、また取引先からの要求、親会社とともに取得や親会社の意向という形での指摘や意向としてあげられているところである。

　また経営規模すなわち従業員数別には、表3-Ⅳ-2にみられるように、第1位にあげられた社会的責任上の理由および環境対策の一環との理由は、とくに従業員数が1,000人以上の大企業では73％および82％と高水準に位置するのに対し、従業員規模が100人未満の企業では58％および61％と低位なものにとどまる。またこの社会的責任上の理由および環境対策の一環との理由は、他の経営規模すなわち100〜299人（29社）の企業では69％および66％、また従業員数が300〜1,000人未満（39社）の企業については74％および71％と、両者の中間的な様相を呈している。したがって、本稿の以下の経営規模別にみた分析では、零細規模企業として100人未満の企業を、また大規模経営企業として1,000人以上の企業をその代表として取り上げ考察することとする。

また第4位のイメージアップおよび第5位の地域住民等への環境対策を意識しては、とくに零細な企業に目立つ。事実従業員規模が100人未満の企業では65％および36％と高水準であるのに対し、従業員数が1,000人以上の大企業では45％および27％と低位なものにとどまる。また国際戦略上必要との理由、また他企業や他の組織の先例などを意識してという他との競争を意識した現実的日和見主義的な理由、さらに経費節減のため、国や県等の指導や要請を意識して、また消費者を意識してとの理由等は、コストや市場や社会性等との関連を意識するもので、大規模な企業、なかでも従業員数が1,000人以上の大企業からの回答に目立つ。一方、第3位をなす取引上の必要性からとの理由は、従業員規模別にみて、すなわち従業員数が200人未満の企業および1,000人以上の企業間でもさほど大きな差異はみられない。

　次いでISO14001を認証取得したメリットについては、図3-Ⅳ-3のように、社員の環境意識が高まり評価を得たが71％と、回答理由のトップをなしている。次いで第2位のメリットとしては、イメージが向上したが57％、取引上評価が得られたは55％と第3位の高い評価を得ている。これらは、本社・本店また支社・支店でもともに、ほぼ同様に高い評価となっている。また組織運営上一定の効果があったは43％と第4位の、また経費の節減に対しては38％で第5位の評価を得ている。もちろんこれらの評価についても、本社・本店と支社・支店とでは、ISO14001に関して組織的にいって明瞭な効果の差異は認めがたく、大きな違いがみられないといえる。

　さらにまた国際的戦略上の意義、業務効率のアップを評価するものがともに18％と、また住民からの評価に関しては15％、本社・本店からの評価に関しては12％、消費者の評価が得られたとの回答企業は11％と低位なものにとどまる。ただこれらの国際的戦略上の、業務効率のアップの、住民からの、本社・本店からの、消費者からの評価に関しては、それとの関わりがいずれも、岡山にも支社や支店を展開するより広域的で大規模な企業で、全国的さらには世界的にも企業としての戦略を展開する必要性が強かったり、それらの必要性を要求される支社・支店やまた分工場ではより高い評価を得ている。企業の声としては、以上以外にも、マネジメント力の上昇があげられる他、まだ今のと

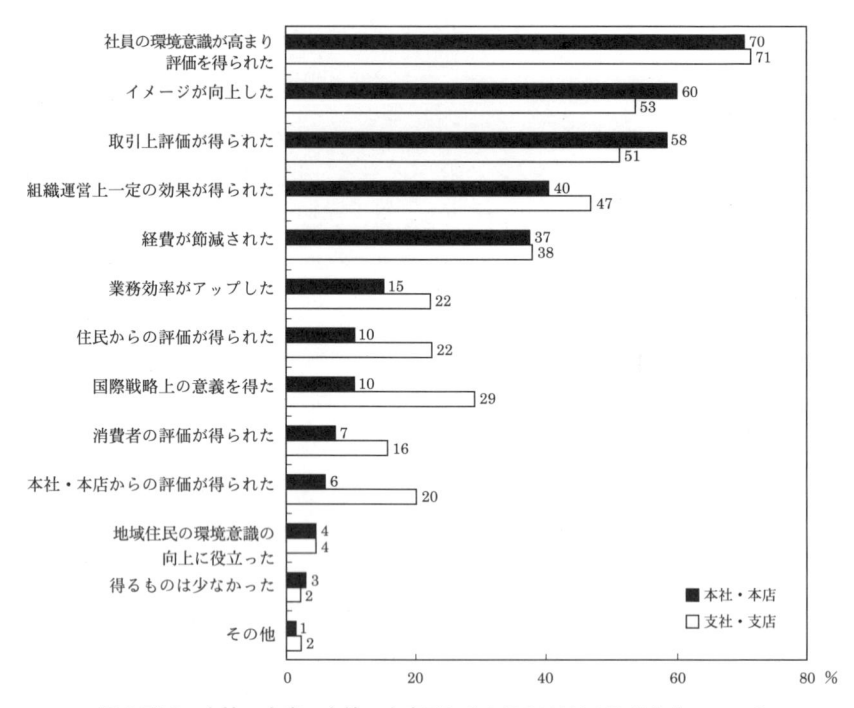

100　第3編　国際化時代の環境問題への取組み－ISO14001をめぐって－

図 3-Ⅳ-3　本社・本店、支社・支店別にみたISO14001を取得したメリット
（資料：アンケート調査より作成）

項目	本社・本店	支社・支店
社員の環境意識が高まり評価を得られた	70	71
イメージが向上した	60	53
取引上評価が得られた	58	51
組織運営上一定の効果が得られた	40	47
経費が節減された	37	38
業務効率がアップした	15	22
住民からの評価が得られた	10	22
国際戦略上の意義を得た	10	29
消費者の評価が得られた	7	16
本社・本店からの評価が得られた	6	20
地域住民の環境意識の向上に役立った	4	4
得るものは少なかった	3	2
その他	1	2

ころメリットは出ていないとの回答もみられる。

　またそれを経営規模別にみれば、図3-Ⅳ-4のように、とくに第2位をなすイメージが向上した、第3位をなす取引上評価が得られた、第4位の組織運営上一定の効果が得られた、第5位の評価の経費が節減された、第7位の国際戦略上の意義を得た、第8位の住民からの、また消費者の評価が得られた等の理由は、全国市場や国際競争、またコストや消費者を意識する従業員数が1,000人以上の大規模な企業の回答に目立つ。一方、第1位の理由としてあげられた社員の意識が高まり評価を得たとの理由、また第6位の評価を得た業務効率の向上等の理由は、経営規模別に大きな差はみられなかった。

Ⅳ　ISO14001の認証取得の背景と課題　101

項目	全社	1,000人以上	100人未満
社員の環境意識が高まり評価を得られた	71	73	65
イメージが向上した	57	73	58
取引上評価が得られた	55	73	55
組織運営上一定の効果が得られた	43	55	32
経費が節減された	38	45	29
業務効率がアップした	18	18	23
国際戦略上の意義を得た	18	27	16
住民からの評価が得られた	15	36	16
本社・本店からの評価が得られた	12	18	13
消費者の評価が得られた	11	27	3
地域住民の環境意識の向上に役立った	4	9	6
得るものは少なかった	3	6	—
その他	2	9	3

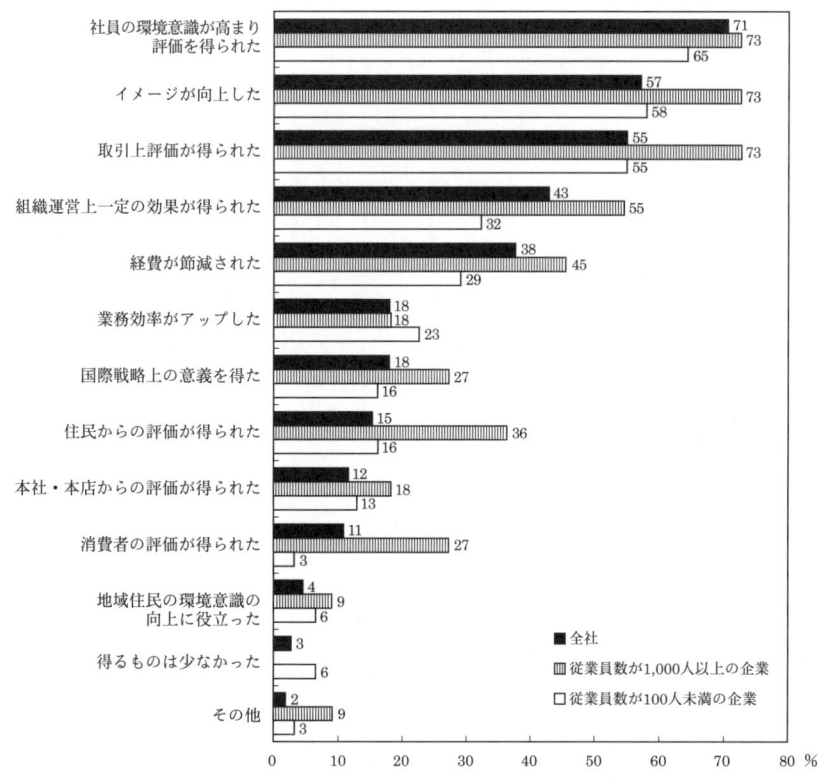

図 3-Ⅳ-4　従業員規模別にみた ISO14001 を取得したメリット
（資料：アンケート調査より作成）

　さらに ISO14001 を取得したデメリットについては、表 3-Ⅳ-3 のように、企業としての特徴が明瞭にうかがえるものとなっている。費用がかかるが 74％とトップをなすが、これは、本社や本店での回答 76％に目立ち、支社・支店や分工場のそれは 69％にとどまる。次いで煩雑で手間がかかるが 63％と続くが、これは、支社・支店や分工場に目立ち、本社・本店が 56％に対し、支社・支店のそれは 74％と高い値を示す。つまり企業にとっては、費用やコストは最重要課題で、煩雑で手間がかかるを凌ぐが、それは担当する部署の特徴とも関わり、コストや費用は本社・本店で、また手間は支社や支店で負担感や意識をさせられている。これは、拙著[1]でも指摘したように、地方自治体で

表3-Ⅳ-3 本社・本店、支社・支店別および従業員規模別にみた
ISO14001を取得したデメリット

単位:％

取得したデメリット	本社・本店	支社・支店	全社	従業員が1,000人以上の企業	従業員が100人未満の企業
費用がかかる	76	69	74	55	79
煩雑で手間がかかる	56	74	63	64	68
人員配置上の負担	30	28	29	18	21
本来の職務に影響をもたらす	16	13	15	0	18
社員の理解・協力が得られない	13	3	9	0	21
メリットが少ない	6	13	9	0	11
地域住民や市民からの評価が得られない	6	0	4	9	11
取引上メリットが得られない	3	3	3	0	11
消費者の評価が得られない	3	3	3	9	7
生産性の低下	2	0	1	9	0
品質の低下	0	0	0	0	0
その他	2	3	2	0	4

(資料:アンケート調査より作成)

は、それより組織や自分自身の身に直接関わる手間の方が大きな課題をなすものとは異なる。

　以上2者ほど高くはないが、人員配置上の負担も29％とほぼ3割の企業が感じている。また本来の職務に影響をもたらすも15％の評価があるが、社員の理解や協力が得られないとの、また取引上等をはじめとするメリットが少ないとの評価はともに9％と低位なものにとどまる。そこには、企業の、またその構成員で職務に当たる社員の姿勢がみられる。

　さらに企業や本社・支社等の姿勢は、消費者からの、また地域住民や市民からの評価が得られない、生産性や品質の低下等の回答が少ないか皆無なところにもみられる。さらに経営規模別には、表3-Ⅳ-3のように、第1位の理由としてあげられる費用がかかるとの回答は、従業員数が100人未満の小規模な企業に目立つ。また第2位をなす煩雑で手間がかかる、また第3位の人員配置上の負担との理由は、従業員規模別には、その評価はさほど変わらない。またその比率は低いとはいえ、本来の職務に影響をもたらす、メリットが少ない、社員

の理解や協力が得られない等のデメリットは、従業員規模別が100人未満の零細な企業に目立っている。

そこには、行政等の役割と行動やその評価とは違った企業や資本、またその構成員、さらにその意識や姿勢の特徴とその違いを改めて感じさせるものがある。もちろん、企業やとりわけ構成員にとっても、苦労が伴うのは当然であるが、組織や構成員である限り、それは出さないし出せないのが鉄則である。企業での評価は、地方自治体等での評価と大きく異なるゆえんでもある。

以上のように、企業におけるISO14001の取得とそのもとでの環境政策は、社会的責任上や環境対策の一環として等、社会的情勢や社会的意義を踏まえた対応として、またイメージアップや取引上の評価等の企業戦略として展開され、その効果はとりわけ社員等構成員への環境意識の高まりや組織運営上の効果等にみられるよう、社会的、また取引上や経営上等の側面を評価している。しかしとくに費用面で、また煩雑で手間がかかり、社員への周知や教育面で、また手続き上の煩わしさから人員配置上負担等の課題も、本社や本店と支社や分工場間でその違いをみせながらも、抱えていることがわかる。そこには、費用面や取引上の評価で、また組織運営上の評価で、また組織やその構成員の対応面において、企業としての特性が明瞭にみられ、地方自治体等の特性とは大きく異なる点も重要である。

注

1) 北村修二（2003）：『開発から環境そして再生へ－地域の開発と環境の再生－』大明堂、pp.103～108。

V

地方自治体におけるISO14001の認証取得の背景と課題

　ISO14001の認証取得への取組みとその背景を明らかにするため、現在取得している自治体に、ISO14001に関するアンケート調査表を、2001年12月に（認証取得自治体等234団体中宛先が確認できた）157団体に配布し、20都県・83市区・31町村の計134の有効回答を得た。その結果をもとに、地方自治体のISO14001への取組み状況とそこでの課題を、以下明らかにする。

　まず自治体がISO14001を認証取得した背景について検討する。認証取得した理由については、図3-V-1のように、まずトップをなすのは環境対策の一環として位置づける自治体が90.9％（以下複数回答）と高い値を示すことである。とくに住民や企業との直接的な関わりを持ち、環境政策を実施・展開する市区や町村等の地方自治体では、県が85.0％であるのに対し、市区のそれは91.4％、さらに町村は93.5％と高い値を示している。

　逆に県等では、住民への環境対策の一環ととらえているわけである。事実県ではその値が70.0％を占めるのに対し、市区やおよび町村では、48.1％および45.2％と半数にも満たない。この傾向は、若干弱まるものの、社会的責任上という回答にも同様にみられる。

　また認証取得理由の第4位をなすものとして、イメージアップがあげられる。これに続く取得理由としては、さらに行政上の必要性があげられ、行政サービスの一環としての意義づけがそこにはみられることがわかる。また他の自治体の先例をみてを理由とするのは、日和見主義的な、しかし他に遅れをとれないとの意識もある県等で目立つもの（事実県では25.0％に対し、市区や町村では9.9％および6.5％と低位）となっている。

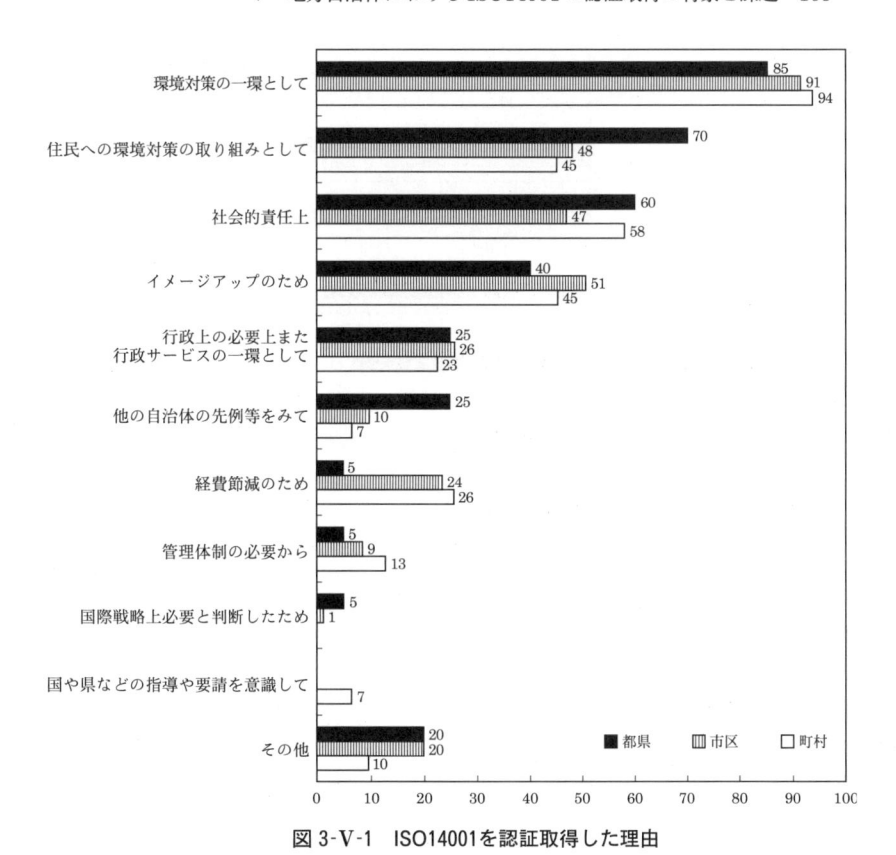

V 地方自治体におけるISO14001の認証取得の背景と課題

図3-V-1 ISO14001を認証取得した理由
(資料:ISO14001を認証取得した都県・市区・町村へのアンケート調査より作成)

理由	都県	市区	町村
環境対策の一環として	85	91	94
住民への環境対策の取り組みとして	70	48	45
社会的責任上	60	47	58
イメージアップのため	40	51	45
行政上の必要上また行政サービスの一環として	25	26	23
他の自治体の先例等をみて	25	10	7
経費節減のため	5	24	26
管理体制の必要から	5	9	13
国際戦略上必要と判断したため	5	1	
国や県などの指導や要請を意識して			7
その他	20	20	10

　また経費節減のためとの理由づけは、地方自治体が近年財政難に苦しむなかで、事業の実施を迫られるのみならず、その費用の支出と節減効果もより大きく、しかも目に見える形で現れやすい市区や町村で目立つ(市区および町村は23.5%および25.8%であるのに対し、県では5.0%と低位なものにとどまる)。管理体制の必要性、国際戦略上、また行政指導等との関わりとの理由は、鮮明な形で現れるものとはなっていない。ただその他のなかに含まれる理由としてあげられた、企業等からの問い合わせ等という理由は、行政としての対応という特殊性ともいえるものである。

106 第3編 国際化時代の環境問題への取組み－ISO14001をめぐって－

項目	都県	市区	町村
組織構成員の環境意識が高まり評価を得た	95	88	68
経費が削減された	60	57	52
住民からの評価が得られた	60	27	16
イメージが向上した	50	62	74
住民の環境意識の向上に役立った	45	32	32
組織運営上一定の効果が得られた	25	30	36
行政上効率がアップした	15	9	19
国際戦略上意義を得た	5	1	3
得るものは少なかった	0	3	0
その他	5	11	7

図 3-V-2　ISO14001を認証取得したメリット
（資料：ISO14001を認証取得した都県・市区・町村へのアンケート調査より作成）

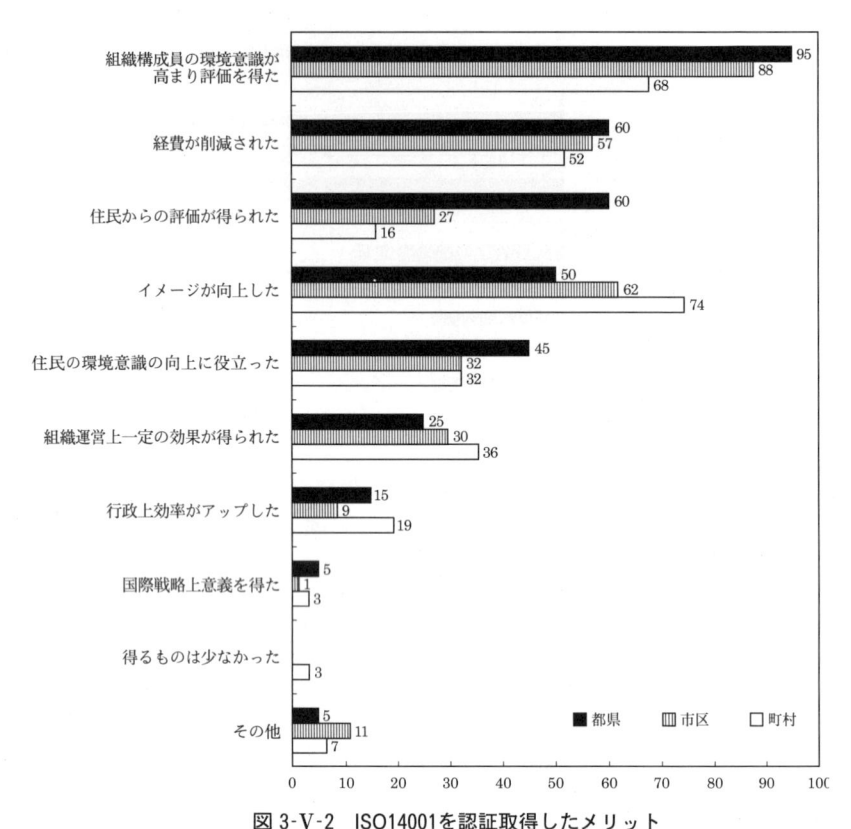

　次いでISO14001を認証取得したメリットとして地方自治体があげた理由としては、組織構成員の環境意識が高まるとの評価を得たが、図 3-V-2 にみられるように、県等ではその比率は95％とトップをなす。ただ町村レベルでは67.7％とさほど高くない。またイメージの向上化につながったとのメリットは、全体としては62.9％と第2位の高い評価を得ている。とくに市区やなかでも町村では、61.7％および74.2％と高い値を示している。また全体としては、第3位の評価を得た経費の節約については、都県では60.0％、市区が56.8％、町村が51.6％と、いずれも50％以上の評価を得ている。

　住民の環境意識の向上に役立ったや住民からの評価が得られたとの評価は、

V 地方自治体におけるISO14001の認証取得の背景と課題 *107*

県等では45.0％および60.0％と高い評価を示すのに対し、市区のそれは32.1％および27.2％と、また町村のそれは32.3％および16.1％とさほどでもない評価となっている。また組織運営上一定の効果があったとの評価に関しては、全体としては30.3％の評価となっている。また行政効率化への評価や国際戦略上への評価については、12.1％および2.3％と低位なものにとどまる。

さらにISO14001を取得したデメリットに関しては、図3-V-3のように、煩雑で手間がかかるとの評価は、全体としては74.2％と高い（なかでも町村は83.9％と高い値を示すのに対し、県は65.0％にとどまる）値を示すのを筆頭として、費用がかかるが55.3％と、これに次ぐ高い比率を、とくに町村のそれは、64.5％と高い評価を示している。

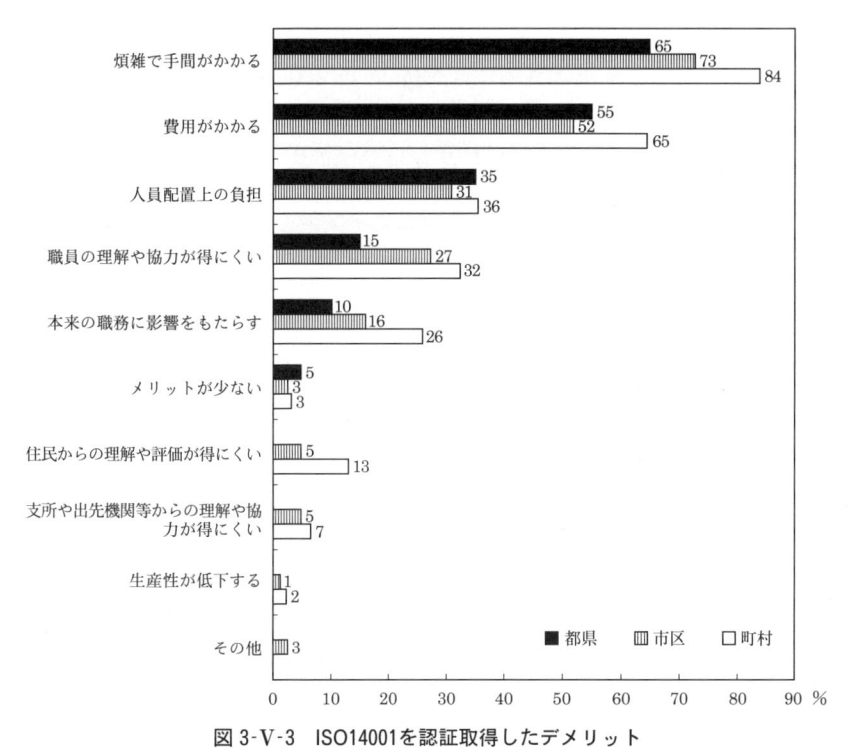

項目	都県	市区	町村
煩雑で手間がかかる	65	73	84
費用がかかる	55	52	65
人員配置上の負担	35	31	36
職員の理解や協力が得にくい	15	27	32
本来の職務に影響をもたらす	10	16	26
メリットが少ない	5	3	3
住民からの理解や評価が得にくい		5	13
支所や出先機関等からの理解や協力が得にくい		5	7
生産性が低下する		1	2
その他			3

図3-V-3　ISO14001を認証取得したデメリット
（資料：ISO14001を認証取得した都県・市区・町村へのアンケート調査より作成）

108　第3編　国際化時代の環境問題への取組み－ISO14001をめぐって－

　実際その費用については、その平均は761万円となっているが、市区のそれは838万円、一方、町村のそれは532万円と比較的少ない。もちろんこれは、市区や町村の規模とその対応の如何状況、またコンサルタント等との関わりや関わり方との関係、またこれにまつわる施設や費用等の導入や使用状況によっても変わるわけで、市町村でばらつきがみられるものの、必ずしも安いものとはいえない。したがって、費用また手間や煩わしさが大きな課題で、とくに規模の小さな町村では、ともに大きな負担となっている。これは、人員配置上も大きな負担で、都県、市区および町村を合わせた評価は32.6%と、3分の1の自治体でそれを負担と感じている。

　したがって、ISO14001の認証取得やその持続化に対して職員の理解や協力が得られないなかでは、このことはさらにその評価を悪くし、協力を得にく

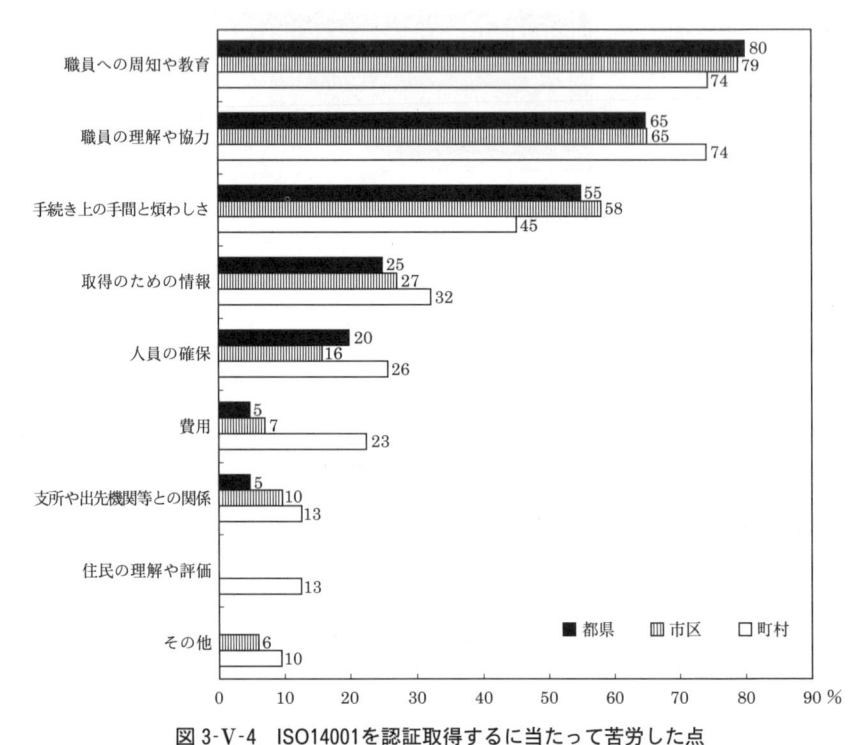

図3-V-4　ISO14001を認証取得するに当たって苦労した点
（資料：ISO14001を認証取得した都県・市区・町村へのアンケート調査より作成）

い。とりわけこの傾向は、市町村レベルで目立つ。一方、認証取得のメリットが少ない、また住民からの理解や協力が得にくい、さらに生産性に関わる等の評価は、そこにはみられない。ここにも、行政の役割と特性が感じられる。

さらにISO14001を認証取得するに当たって苦労した点に関しては、図3-V-4のように、職員への周知や教育が78.0％と苦労のトップをなしている。次いで、職員への理解や協力が67.4％を占め、第2位を示す。もちろんこれは、ISO14001の認証取得やその後の管理・運営が今までにない対応を職員に迫るからでもある。もちろんこれには、手続き上の手間と煩わしさも必至である。またこの取得には、そのための情報が欠かせず、先進地域等への職員の視察や研修、また学習化等が、またコンサルタント等機関への依存化をも必要とさせるわけである。したがって、人材の確保や費用面での懸念も18.9％や10.6％と、時にはその対応を迫られる。とりわけその影響は、町村レベルに大きく関わり、その比率は25.8％および22.6％と、町村の4分の1～5分の1において懸念材料となっている。

以上のように、自治体等におけるISO14001の認証取得化とそのもとでの環境政策の推進は、環境対策として、また住民への対策として、また社会的責任、さらにまたイメージアップ等をはじめとして、行政的また社会的意義を意識して展開されるが、その効果は、職員等の構成員への、また住民の環境意識の高まりを、また経費の削減やイメージアップを、また市民からの評価を得られると、行政的には評価できるものの、それには、煩雑で手間がかかるのみならず、費用面で、また人員の配置面でもなお課題を抱えていることがわかる。

第4編

環境問題から環境政策へ
－ISO14001、産廃処理税、環境税政策をめぐって－

I

環境先進的企業による環境問題への取組みと課題
― ISO14001の認証取得と産廃処理税への取組みから ―

1. 環境への取組みとしての産業廃棄物処理税
　　― 岡山県下の状況から ―

　近年、ゴミ問題は、住民運動等のゴミ処分場反対運動が展開するなか、最終処分場を展開し得ず、残余年数が逼迫し、不適正な処分や不法投棄をも伴いながら、一般廃棄物のみならず、産業廃棄物の処分とそれへの対応をめぐって、厳しい状況に陥っている。したがって、廃棄物への対応を法的面からもその整備を迫られ、容器包装リサイクル法、また2000年の産業廃棄物処理法の改正等それへの対処に暇がない。
　しかも近年、不況下で産業、経済および社会構造の再編成が一層進展し、地方でも経済や財政問題から従来の形での地域への関わりが不可能となるなか、財政のみならず税制改革、したがってまた、権限の地方への委譲も進めざるを得ず、2000年の地方分権推進一括法の施行、また地方税法も改正され、法定外目的税等地方独自の課税も展開しようとしている。
　このような状況のもと、深刻化するゴミ処分等環境問題へ対処すべく、一般ゴミに対してはゴミの有料化が、また産業廃棄物に関しては産業廃棄物処理税が、また環境税も展開されようとしている。とくに産業廃棄物税については、すでに全国に先駆けて2002年に導入された三重県や青森県等11県1市（北九州市）で導入および導入予定となっており、中国地方においても、岡山県、広島県、鳥取県で、産業廃棄物に関わる法定外目的税として制定された。事実産業廃棄物税が導入された滋賀県の場合、2002年に策定された「滋賀県廃棄物

処理計画」では、2000年度の総排出量384万tのうち、資源化されていない廃棄物排出量は50万t、また最終処分量は29万tであるが、10年後の2010年には、資源化されない廃棄物排出量を30万t、また最終処分量を19万tに減じよう[1]としている。

このように産業廃棄物処理税が導入されるのは、景気が低迷するなか、ゴミの排出量が減少し、その負担が潜在・内在化し、またこれまでその対応が不適切で地域や住民の理解が得られず、産廃反対運動も展開し、処分場の立地や用地の確保難により、従来の方式での展開や処理が困難化し、その変容・再編成化を迫られているからである。

もちろん産業廃棄物税は、産廃の削減を目的として産廃排出事業者に課税するもので、税収は産廃の処理等の費用にも充てられる。その課税額は、三重県の場合1t当たり1,000円で、年間排出量1,000t未満は非課税、岐阜県多治見市の場合は、一般廃棄物埋め立て税であり、それは1t当たり500円となっている。もちろん産業廃棄物税は、費用や価格インセンティブ効果よりはむしろ施策の充実・強化のための財源確保が主目的で、課税により回避行動が生じ産業廃棄物の排出抑制行動が展開することが期待されている。

事実岡山県の場合も、産業廃棄物処理税は2003年4月に課税が実施されたが、その目的は、産業廃棄物の発生を抑制し、リサイクルを促進し、最終処分量の減量化を図るためのもので、税収は産業廃棄物対策に充てられる。県内の最終処分場に搬入される産業廃棄物に対して1t当たり1,000円を、排出業者または中間処理業者を納税義務者とし、県内最終処分業者から搬入時に支払われたものが特別徴収されている。このような形で徴収された税(推計税収値が7.0億円の場合)は、①意識改革(環境情報のシステム整備と拠点づくり、環境教育・学習の振興に8,755万円)、②産業活動の支援(モデル的・先進的資源循環推進事業への支援、リサイクル技術等の研究開発支援等に1億7,683万円)、③適正処理の推進(不法投棄等の未然防止対策の充実、監視指導体制の強化等に7,724万円)、④環境インフラの整備(公共関与産業廃棄物最終処分場整備(②に計上)のための基金等に232万円)、⑤岡山市と倉敷市の保健所設置市への交付金(1億2,754万円)等産業廃棄物の適正な処理のための費用

（将来の産業廃棄物対策促進のために岡山県循環型社会形成推進基金積立金として1億8,204万円、徴税費として4,919万円が予定配分額として計上）に充てられる。その金額は、約9億円（7～9億円）と見積もられていた。

　①については、循環資源総合情報支援センターを設置し、産業廃棄物の発生抑制やリサイクルの推進のための県内情報を収集し整備するとともに、岡山情報ハイウェイでそれらを利用できるシステムの開発と運用が図られる。それは、産業廃棄物に対する知識、循環社会形成のための環境県民を育成するため、学校や地域で環境教育を普及し推進するための経費としても使われる。②産業活動の支援としては、県内の循環型社会形成に寄与する資源の循環的利用を推進する施設や技術等を開発するモデル的・先進的事業を援助・支援するための経費、またエコタウン事業へ取り組む民間事業を支援するための経費、③適正処理の推進については、不法投棄等を未然に防止するため、強化月間事業、研修会事業、運搬車両の路上検査、休日・夜間等の巡回監視の委託、不法投棄通報体制の整備、監視指導体制の強化等を図るための経費、④環境インフラの整備については、最終処分場等公共関与産業廃棄物処理場（倉敷市水島川崎通り地先44.5haを325億円で）等の設置促進するための経費、また⑤保健所設置市には市域からの税額の2分の1相当額を交付すること等が主要なものとしてあげられる。

　もちろん産業界においては、例えば岡山県産業廃棄物協会の意向にもみられるように、当初産業廃棄物処理税に対しては、景気が低迷し右肩上がりの成長は期待できない状況下では、導入に反対の意向を抱く業者が多数いたし、そのコストや負担を回避しようとの行動から不法投棄の増加も懸念されるとの意向が示されるなかでの実施であった。

　実際がれき等では1t当たり3,000～4,000円にしかならないものに1t当たり1,000円の課税負担は大きいし、また収集業者や最終処分場業者にとって、計量のための施設導入に伴う費用とその手間や煩わしさ等のみならず人件費等の経費への負担からも、そのような懸念や意向が示されたのである。しかもこれまで産業廃棄物は適正に処理されないこともあり、必ずしも歓迎されるべきものとは認識されてこなかった。したがって、実施に際して、行政も、説明会

等をはじめとして理解や協力の呼びかけ等の PR 活動を展開するとともに、不法投棄 100 番を設ける等不法投棄対策をも展開した。

もちろん廃棄物処理については、実態把握の不十分さ、またそのもとでの不法投棄などの不適正処分を回避するため、排出（業者）から収集・運搬（業者）、最終処分（業者）までの工程が確認できるようマニフェストシステム、つまり産業廃棄物管理票により物流管理が行われるシステムが取られている。しかし実際には、排出業者と処理業者の 2 者間契約に代わって、第 3 者が契約したり、書類の入手、手続きから処分までも手配しているのも実態で、例えば中間処理業者がセールしそれらの手続き等を手配し処理をも代行していたのが実態であった。

しかも排出者が、チェックや責任を、またコスト等の負担を処理業者に転化し、しわ寄せさせてきた。処理業者らは多くの場合零細経営でもあり、状況がよければ濡れ手に粟で、放漫経営が展開するとともに、一方でつぶれる、また時には最初からつぶすことさえ意図し、支払い能力がない、また責任が持てない事態にさえ陥ってきたわけでもある。しかも排出業者は、不特定多数で多岐にわたり、企業名を公開することさえできず、原状回復命令も必ずしも功を奏しない状況さえ呈してきた。大企業であればそれが公開されるのは大問題で、雪印乳業よろしく、時には企業の存続にも関わるだけに、個々の対策としても、またその量が大きいだけに、また方向を示す意味でも、知名度から存在そのものも、また宣伝効果や効果面でもその意味するところは大きい。しかし現状は、元請けが排出業者や責任者であっても、建設業のピンハネよろしく、その責任やしわ寄せは下請けへと回されるわけである。中間業者、とりわけ収集・運搬業者は零細経営で、最終処分業者に廃棄物の搬入時に税を取られるも、不況下でゴミそのものが減少し仕事が減じるなか、税の徴収はもちろん値上げもできず、自らのなかでその対処を迫られる。

しかし産業廃棄物処理税が導入されると、産業廃棄物は予想以上に収集され、税収も入った。事実税収については、2003 年 4 〜 12 月までの月平均金額は 8,209 万円と、当初の予測であった月 6,000 万円をかなり上回る状況を呈し、8 か月の累計額は 6.6 億円となっている。また懸念された苦情等も岡山県

産業廃棄物協会にはとくに寄せられていないのが実状である。

　税の助成処置も展開し、例えば課税に対処するために必要な産業廃棄物ゴミのコンピューター計測施設に対して産廃業者4社が補助金の助成を受けたり、岡山県産業廃棄物協会『最新版よくわかる廃棄物処理法のポイント』および『産業廃棄物ハンドブック』[2]は、協会員417会員等への産業廃棄物処理税への啓蒙資料として、補助金の助成対象となっている。

　また岡山県には、産業廃棄物処理税の特別徴収義務者である最終処分業者は、処理税導入当時の29業者が2004年1月には30業者34処分場となり、これに自社処分の14業者15処分場を加えた44業者49処分場が展開している。

　産業廃棄物処理税の導入に伴い懸念されていたのが不法投棄である。その件については、1998年から産業廃棄物管理票（マニフェスト）の使用義務づけ、産業廃棄物の県内への搬入に対して知事への事前協議等で、その対応が図られてきたところである。事実事前協議に基づく岡山県外からの産業廃棄物の移動確認件数をみると、1995年の301件が、1998年には371件、2001年度には798件[3]へと増大している。

　またその産業廃棄物の広域移動に関しては、岡山県の場合、県外への産業廃棄物の搬出量が1997年度の場合24.3万tに対し、県内への搬入量は58.8万tと入超を、またそのうち最終処分については、県外への排出量が7.2万tに対し、県内への搬入処分量は34.1万tと、一層大きな入超となっている。このように岡山県は、処分場としての位置づけがなされてきたといえる。

　このような状況のもと、産業廃棄物の不法投棄や不適正処理に関する岡山県における苦情件数は、1995年の202件が、1998年には230件、2001年度には210件[4]へと推移している。

　したがって、不法投棄等の不正処理を防止するために、廃棄物適正処理推進員156人（知事が委嘱）による環境パトロールが実施され、2001年度の場合1,859回のパトロールで328件の不法投棄（その内訳は一般廃棄物が293件、産業廃棄物が17件等）が発見[5]されている。

　しかしこのような産業廃棄物の、またゴミの広域移動に関しては、産業廃棄物処理税1t当たり1,000円は、コスト的には20kmの運送コストに当たり、

県境部での一部の移動以外は影響を受けない[6]もの、また不法投棄の懸念についても、同様に不法投棄の増加は考えにくいというのが岡山県当局の判断であった。

では実際はどうであったのか。不法投棄件数に関しては、2003年度の状況を導入以前の2002年度の状況と比較すると、件数的には実施後半年の状況は、県の資料によると増加している。しかしそれは、産業廃棄物監視指導員や不法投棄110番等新規監視制度の実施により発見されたものを含めたものである。したがって、それを除けば、岡山市、倉敷市および岡山県の不法投棄件数の実施前後の状況は、半年間の結果からは変わらないといえる。

事実岡山県における不法投棄総件数は、2002年度の69件が、実施後の2003年度前半の場合48件と増加しているが、そのうち13件は新規に設けられた不法投棄119番の発見分に当たり、それを除いた35件分を2003年度前期分としてカウントすると、変わらないと判断できる。

しかしこの期の不法投棄状況を、投棄時期別に検討すると、2002年度の投棄件数69件中2001年以前に投棄されたものが17件であるのに対し、2002年度中に投棄されたものが52件と大きく、また2003年度の投棄件数48件中2002年以前に投棄されたものが29件と大きい。したがって、この産業廃棄物処理税導入直前に駆け込み的に不法投棄されたことを推測させる状況がそこにはみられる点には留意しておきたい。

2. ISO14001認証取得企業からみた産業廃棄物処理税への評価と課題

以上のような形で導入されている岡山県の産業廃棄物処理税にはどのような評価と課題があるのかを以下検討する。このため、環境面での先進的な役割を果たしてきた企業ともいえるISO14001の認証取得企業を取り上げ、それらの企業からみた産業廃棄物処理税への評価とそこでの課題を明らかにする。したがってここでは、岡山県においてISO14001を認証取得している企業202社中郵送できた企業198社に対し産業廃棄物処理税への評価とその課題に関する調査票を2004年1月に配布し、112社からその回答（回収率57%）を得た。

その結果から産業廃棄物処理税への評価とそこでの課題を以下明らかにする。

ISO14001認証取得企業の特徴については、その概要はすでに述べたので、ここでは環境面に限ってその特徴を明らかにする。岡山県下のISO14001を認証取得している企業においては、ゴミや廃棄物の処理については、運搬や処理業者へ委託する形で処理している企業が72％を占める等高く、彼らへ委託しながら、58％の企業が産業廃棄物として、また29％の企業が一般ゴミとして処理しているのが特徴である。また廃棄物を委託している取引先企業数は10社未満が85％と圧倒的な割合を、なかでも5社未満が64％と高いものとなっている。もちろん運搬や処理業者への委託は本社・本店企業でなされ、また産業廃棄物として出しているのは、支社・支店でしかも経営規模も大きい1,000人以上の企業に目立つ。一方、自社で処分しているのは、本社・本店で経営規模が100人未満の零細な企業に目立っている。

その排出廃棄物の種類については、図4-I-1にみられるように、廃プラスチックの71％を筆頭にして、廃油が51％、汚泥が50％、紙・木・繊維・ゴム

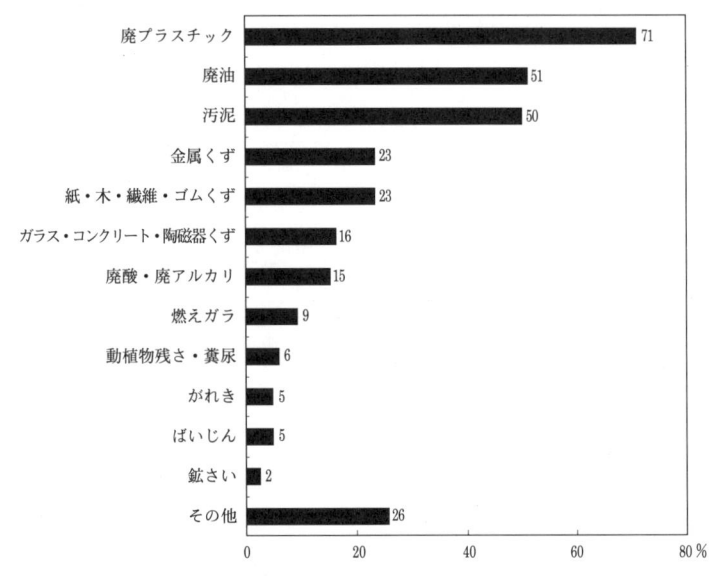

種類	％
廃プラスチック	71
廃油	51
汚泥	50
金属くず	23
紙・木・繊維・ゴムくず	23
ガラス・コンクリート・陶磁器くず	16
廃酸・廃アルカリ	15
燃えガラ	9
動植物残さ・糞尿	6
がれき	5
ばいじん	5
鉱さい	2
その他	26

図4-I-1　産業廃棄物別にみたISO14001取得企業に占める排出企業の割合
（資料：アンケート調査より作成）

Ⅰ 環境先進的企業による環境問題への取組みと課題－ISO14001の認証取得と産廃処理税への取組みから－

表4-Ⅰ-1 本社・本店、支社・支店および従業員規模別にみた
環境問題への取組みでの力点

単位：％

環境問題への取組みでの力点	本社・本店	支社・支店	全社	従業員数が1,000人以上の企業	従業員数が100人未満の企業
節電等省エネ	93	100	96	100	93
環境対策	78	84	81	91	73
地域住民への配慮や市民・住民運動対策等	16	24	20	55	13
グラウンドワーク等の地域奉仕活動	10	11	11	27	13
用地・処分場の確保	3	2	3	0	3
立地	3	0	2	0	0
特にない	1	0	0	0	0
その他	22	16	20	18	23

（資料：アンケート調査より作成）

くずが23％、金属くずが23％、ガラス・コンクリート・陶磁器くずが16％、廃酸・廃アルカリが15％と続く。

また環境への取組みで企業が力を入れている点については、表4-Ⅰ-1のように、節電等省エネの96％を筆頭に、環境対策が81％と極めて多くの企業で取り組まれているが、地域住民への配慮や市民・住民運動対策等に関しては企業の20％、グラウンドワーク等の地域奉仕活動についても11％と、地域への貢献も実施されているがその比率はなお低位のものにとどまる。経営規模別にみると、環境対策、地域住民への配慮や市民・住民運動対策等、グランドワーク等の地域奉仕活動では、従業員規模が1,000人以上の大規模な企業で実施される傾向がより強いものとなっている。

廃棄物の処理や環境問題への取り組みにこのような特徴を持つISO14001認証取得企業が、産業廃棄物処理税へどのような評価を下しているのかについてみると、図4-Ⅰ-2のように、効果的であるとの回答が25％と、4分の1が好意的な回答を示すが、効果は期待できないと、それとほぼ同率に当たる24％の企業が否定的な回答している。またどちらとも言えないとの見解も51％と過半数という高い値を示している。またそれを経営規模別にみると、どちらとも言えないとの回答は、従業員数が1,000人以上の大企業に、効果的であると

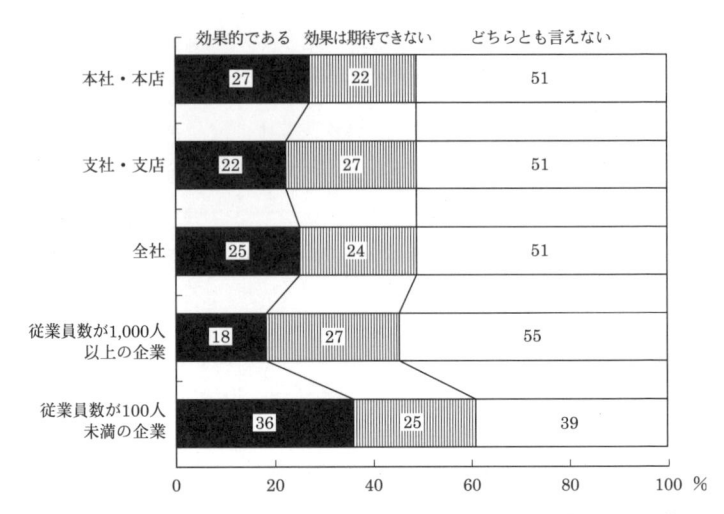

120　第4編　環境問題から環境政策へ－ISO14001、産廃処理税、環境税政策をめぐって－

図4-I-2　本社・本店、支社・支店別および従業員規模別にみた産廃処理税の効果
（資料：アンケート調査より作成）

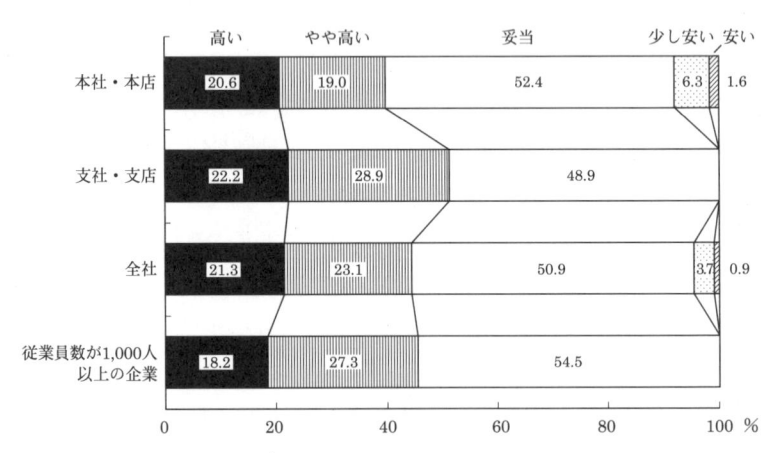

図4-I-3　本社・本店、支社・支店別にみた産廃処理税への金銭的評価
（資料：アンケート調査より作成）

の回答は100人未満の零細企業に目立っている。

　その税の徴収については、産業廃棄物業者以外は、料金に含められる形で61％の企業が払っている他、税として別に納めているが28％と続く。一方、

支払っていない企業は4％と低位なものにとどまる。また1t当たり1,000円という税の徴収額については、図4-I-3のように、妥当との回答を寄せる企業が51％で過半数を占めている。しかしこの課税に対しては、その評価は必ずしも好意的とはいえない。事実高いとの回答が21％、やや高いが23％と、両者で44％を占め、支払い企業にとって負担感があるのも否めない。この金額への評価については、従業員規模別にみてもさほど変わらないのも特徴である。これが、ISO14001を認証取得し環境問題への取組みに積極的な企業の回答である。

したがって、産業廃棄物処理税の問題点としては、図4-I-4のように、税の有効利用等その還元が重要との回答が52％と筆頭にあげられるのをはじめとして、企業経営にとって負担であるとの回答が39％、また優遇処置や政策の方が必要で効果的との回答が27％、排出量の抑制やリサイクル化につながらず効果的でないとの回答も21％と続く。事実税の目的や使い道またその有効利用が課題で、用途の公開、チェックさらに見直しを求める声、またとくに不法投棄を懸念する声も目立つ。経営規模的には、企業経営にとって負担である

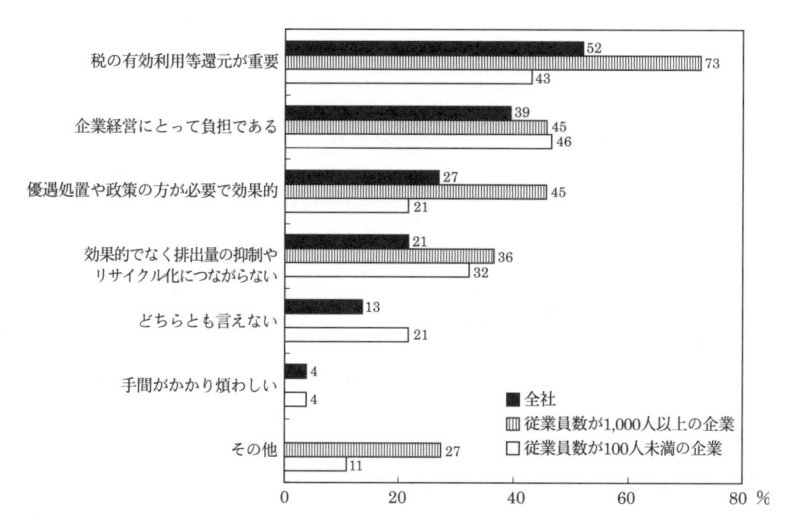

図4-I-4 従業員規模別にみた産廃処理税の問題点
（資料：アンケート調査より作成）

122　第4編　環境問題から環境政策へ－ISO14001、産廃処理税、環境税政策をめぐって－

との意向は、大規模経営と零細経営ともほぼ同じような評価を下しているが、税の有効利用等その還元が重要との回答、また優遇処置や政策の方が必要で効果的との回答は、大規模企業に目立っている。

したがって、産業廃棄物処理税の今後については、図4-I-5のように、今のところ何とも言えないが47%と最多をなすのに続き、このまま維持すべきは

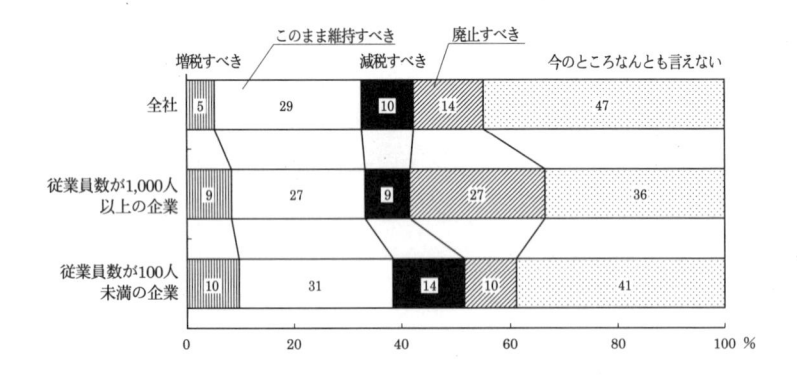

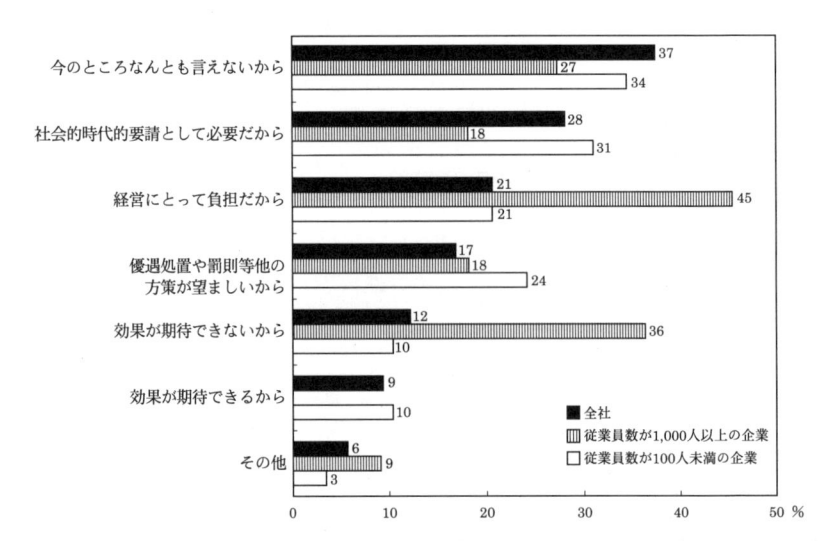

	増税すべき	このまま維持すべき	減税すべき	廃止すべき	今のところなんとも言えない
全社	5	29	10	14	47
従業員数が1,000人以上の企業	9	27	9	27	36
従業員数が100人未満の企業	10	31	14	10	41

図4-I-6　従業員規模別にみた産廃処理税に対する評価理由
（資料：アンケート調査より作成）

評価理由	全社	従業員数が1,000人以上の企業	従業員数が100人未満の企業
今のところなんとも言えないから	37	27	34
社会的時代的要請として必要だから	28	18	31
経営にとって負担だから	21	45	21
優遇処置や罰則等他の方策が望ましいから	17	18	24
効果が期待できないから	12	36	10
効果が期待できるから	9	10	—
その他	6	9	3

29%であるのに対し、廃止すべきの14%に減税すべきを加えると両者で24%と4分の1になる。一方、増税すべきは6%と低位なものにとどまる。経営規模的には、とくに廃止すべきとの意向は大規模企業に目立っている。

その理由としては、図4-I-6のように、社会的時代的要請として必要だからは28%、効果が期待できるからは9%にとどまるのに対し、経営にとって負担だからが21%、優遇処置や罰則等他の方策の方が望ましいからが17%、効果が期待できないからが12%と否定的な理由もかなり多い。経営規模的にみると、仕方がないとも取れる社会的・時代的要請として必要だから（31%）との理由は零細経営に、経営にとって負担だから（45%）との理由や効果が期待できないから（36%）との理由は、大規模経営の方に目立つ。とはいえ企業の回答として37%と最も高い理由としてあげられている、今のところ何とも言えないというのが最もポピュラーな偽らない評価であろう。

したがって、今後の環境税のあり方については、図4-I-7のように、拡大すべきは10%と1割に、また導入すべきは19%に対し、廃止すべきも16%あるのみならず、またそれよりどちらとも言えないが56%と高い。もちろんこのどちらとも言えないとの回答は、経営規模的にも、零細経営規模にやや多いものの、大規模経営においてもほぼ同様の比率でみられる。一方、廃止すべきとの回答は45%と大規模経営に、導入すべきおよび拡大すべきは零細経営に目立っている。

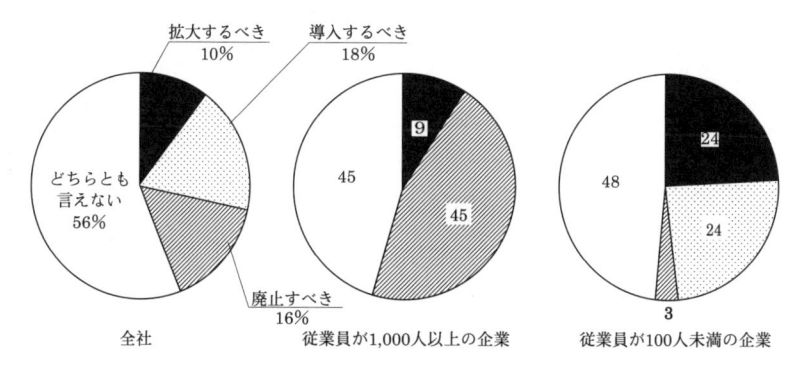

図4-I-7　従業員規模別にみた環境税の今後のあり方
（資料：アンケート調査より作成）

またその環境税として考えている内容については、環境の整備、森林の保護や整備、水源等に関する目的税で、炭素税やCO_2排出対策税等排気ガスに関するものが多くあげられている。しかもそれは、削減すればするほど優遇される等、環境への負荷度合いにより課税される等の形のものがあげられている。もちろん併せてゴミの有料化、リサイクル支援金の支給等の必要性を指摘するものもみられる。

また企業として今後力を入れたい環境への取組みとしては、表4-I-2のように、廃棄物の排出量の抑制や削減が83%で筆頭をなすのをはじめとして、リサイクル対策が80%、節電・節水等省エネ対策が76%と高い関心事となっている。さらに環境事業のPR・環境の啓蒙が33%、環境教育活動が31%、廃棄物処理が29%、地域住民の環境保全活動やその支援が20%、地域住民への配慮や市民・住民運動対策等が16%、グラウンドワーク等の企業の地域奉仕活動が14%と続く。

表4-I-2 本社・本店、支社・支店別および従業員規模別にみた
今後取り組むべき環境対策の力点

単位:%

今後の環境対策での力点	本社・本店	支社・支店	全社	従業員が1,000人以上の企業	従業員が100人未満の企業
廃棄物の排出量の抑制や削減	77	91	83	82	70
リサイクル対策	83	76	80	100	73
節電・節水等省エネ対策	77	73	76	73	67
環境事業のPR・環境の啓蒙	35	31	33	36	43
環境教育活動	32	29	31	36	37
廃棄物処理	30	27	29	45	27
地域住民の環境保全活動やその支援	24	13	20	27	23
地域住民への配慮や市民・住民運動対策等	9	27	16	36	3
グラウンドワーク等の企業の地域奉仕活動	17	9	14	9	20
処分場の立地や用地の確保	6	2	5	0	7
立地・用地対策	2	2	2	0	0
その他	6	9	7	0	3

(資料:アンケート調査より作成)

例えばその環境への特徴的な取組みや力点、またその課題としては、リサイクル率の向上とそのための工法をはじめとして、廃棄物の再資源化やリサイクル化等による廃棄物の排出抑制や削減化、さらにゼロエミッション化等を筆頭として、省エネ対策、エコ商品等環境を考えた製品を志向、また小学校等での環境の授業等を展開しているかそれへの取組みを志向するものが目立つ。しかしそれは、コストや商品化等を意識しており、例えば建設業や園芸業の緑化を中心とした環境美化にみられるよう、企業内での取組みを中心に企業としての環境と事業の両立化を志向する傾向がみられるものとなっている。

またリサイクル対策をはじめ、地域住民への配慮や市民・住民運動対策、グラウンドワーク等の企業の地域奉仕活動については、岡山に本社・本店がある地元企業に、一方、廃棄物の排出量の抑制や削減は支社・支店に目立つ。また経営規模別にみると、とくにリサイクル対策、廃棄物処理、地域住民への配慮や市民・住民運動対策は、1,000人以上の大規模経営の方に目立っている。

もちろん企業としては、例えば技術向上による不良品や廃棄物の排出削減、環境負荷物質の代替品への切り替え、エコ製品の増大等環境に配慮した製品の開発や取組み、また本業を通じたソフトウエア等の環境への貢献、さらに環境ビジネス等を、取引先と指導等を通じて関わる形で展開しようとの意向のもとで、それはみられるのである。

3. 環境問題への取組みと課題

以上検討したように、企業や地方自治体の環境問題なかでもISO14001認証取得や産業廃棄物処理税への取り組みは、近年重要な課題となっているが、これは、環境という新たな時代や社会で生きていくための1つ試練でもある。事実環境問題、国際環境基準、また産業廃棄物処理税、さらに環境税等は、もはや従来の形での生産方式、採算やコスト方式、また経営での合理化や対応、またここではとくに廃棄物処理やその方式では対処し得ず、企業活動に、またその対処方式に、また行政やその処分方式に、さらに組織や個人そのものにも変革を迫ろうとしている。もちろんここで検討したように、環境という新た

基軸は、ISO14001や産業廃棄物処理にみられるように、コストや手間に、なかでも環境会計にみられるように、企業に金銭的負担をも強いる等大きな課題を持つがために、ISO14001に関われる、また産廃問題や産業廃棄物処理税に対処できる企業、また部門や業種や地域と、それができない企業や部門や業種また地域とにふるい分けようとするものであり、1つのチャンスでもある。それは、企業や地域の特性によって、またそれへの対応如何によって、状況は大きく変わる。岡山県下の企業も、ISO14001の導入で大幅なコストダウン、例えば従業員規模が300人未満の企業でも、ISO14001の導入による見直しや点検で大幅なコストダウン[1]を達成した企業もみられた。

　そういう意味では、企業として、また地方自体としても、企業や産業づくり、行政、またまちづくりや地域づくりとしても活かすべき大きなチャンスでもある。

　このように地域的課題のみならず地球的課題としてグローバルに、環境問題への取組みとその解消や緩和化が緊急の課題で、それへの解答や取組みを我々は課されている。それへの対応如何によっては、大きく発展させ得る重要な課題でもある。したがって本研究では、企業や地方自治体の環境問題への取り組みと課題を、ISO14001への取組みや産業廃棄物問題や産業廃棄物処理税への取り組みを中心に、規模や業種、本社・本店や支店・分工場、組織や団体の特性、また企業の特性、さらに地域的特性を意識しつつ、その展開のあり方とそこでの課題という形で検討したわけである。もちろんそれへの対処には、企業、例えば優良な、また環境問題に対しては、それを企業戦略として積極的にとらえる、ISO14001を認証取得している企業と、多くの場合必ずしもそうでない企業すなわちISO14001を認証し得てない積極的・前向きでない、しかも零細経営をも含む産業廃棄物業者とでは、その取組みや意向に大きな違いがみられる。

　それゆえここで検討したISO14001また産業廃棄物処理税さらには環境税は、そのための新たな時代や社会への1つのハードルでもあり、それへの方向づけや評価は、企業や行政そのものの動向と評価にもつながるものである。そういう意味では、新たな動向として評価し期待する方向性がそこにはみられる

わけである。したがって、環境への取組みは、個人、企業、地域、地方自治体や国、また国際的さらに地球的にも、また学問的にも重要な課題で、それはまさに大きなチャンスそのものでもある。

　本章は、品部義博・杜富林との連名論文「岡山県における ISO14001 認証取得企業の環境問題への取り組みと課題」岡山大学産業経営研究会研究報告書第 39 集、pp.1 〜 31。に基づくものである。なおこの研究では、岡山経済同友会からの研究助成（2003 年度）を利用した。また聞き取り調査で情報提供等ご協力いただいた岡山県庁の生活環境部、岡山県産業廃棄物協会、またアンケート調査にご協力いただいた岡山県下の ISO14001 取得企業、産業廃棄物企業および市町村の環境担当部局をはじめとする方々に、さらに図表の作成においては、岡山大学環境理工学部の院生の難波田隆雄、横山俊両氏にご協力いただいたことに感謝し、ここに記す次第である。

注
1) http://www.pref.shiga.jp/b/zeimu/sanpai-zei/1/1-3.htm.2004.1.25.
2) 岡山県産業廃棄物協会（2003）：『最新版よくわかる廃棄物処理法のポイント』岡山県産業廃棄物協会、pp.1 〜 149。および岡山県産業廃棄物協会（2003）：『産業廃棄物ハンドブック』岡山県産業廃棄物協会、pp.1 〜 19。
3) 岡山県生活環境部環境政策課（2002）：『岡山県環境白書 2002 年版』岡山県、pp.60 〜 61。
4) 前掲注 3）資料、pp.60 〜 61。
5) 前掲注 3）資料、pp.59 〜 60。
6) 岡山県税制懇話会（2000）：『岡山県税制懇話会報告書』岡山県、pp.31 〜 32。

参考文献
拙著（1999）：『開発か環境か－地域開発と環境問題－』大明堂、pp.1 〜 192。
拙著（2001）：『破滅か再生か－環境と地域の再生問題－』大明堂、pp.1 〜 219。
拙著（2003）：『開発から環境そして再生へ－地域の開発と環境の再生－』大明堂、pp.1 〜 224。
品部義博（2002）：『異業種交流・研修先紹介マニュアル』全国農業会議所、pp.1 〜 54。
北村修二・品部義博・杜富林（2004）：「岡山県における ISO14001 認証取得企業の環境問題への取り組みと課題」岡山産業研究会第 39 集、pp.1 〜 31。

II

産廃処理政策としての産廃税と環境税
―産廃と産廃処理税をめぐって―

1. 産廃処理の状況と課題―岡山県下の状況から―

近年、ゴミ問題が深刻化するなか、産業廃棄物の処分は都市地域のみならず地方においても厳しい状況に陥っており、岡山県においても同様に、それは、住民運動等の反対運動も展開し、吉永町におけるゴミ処分場建設の頓挫化さらには撤退化にみられるよう、その展開は困難化している。実際岡山県における産業廃棄物の実態については、まず産業廃棄物の発生量をみると、2000年度の場合は1,173万tであるが、その種類別発生量は汚泥が39%、鉱さいが37%、がれき類が8%[1]、またその業種別発生量は、製造業が79%（鉄鋼業が46%、化学が12%、パルプ・紙が8%）[2]、電気・水道業が10%（下水道業が7%）、建設業が9%と、その発生の多くが産業界、また水道業部門等に由来する。したがって、減量化やリサイクル化は、それらの産業や部門での取組み如何に大きく関わっている。

事実岡山県におけるその減量化量については、2000年度の場合389万tで33%、その種類別減量化量は汚泥が94%を、また業種別減量化量は製造業が73%、電気・水道業が23%を占めている。また岡山県における資源化は683万tで、その種類別資源化量については、鉱さいが61%を、ばいじんが12%、がれき類が9%、汚泥が9%、またその業種別資源化量は、製造業が88%、建設業が9%を占めている。

また産業廃棄物のうちとくに特別管理産業廃棄物については、その発生量が10万tであるが、それを種類別にみると、特定有害廃棄物が40%、廃油が

34％、廃酸が18％を、またその業種構成については、製造業が94％、サービス業が5％を、また地域別発生量は、倉敷市が71％、真庭地域が12％、岡山地域が9％[3]を占める等、産業的にもまた地域的にも極めて限定されたものとなっている。

　以上のように、産業廃棄物の発生やその処理には、近年の社会状況とそれをも踏まえたコストや企業の論理や戦略がうかがえる。したがって、岡山県における産業廃棄物の最終処分量は101万tで排出量の9％を、またその種類別最終処分量は、がれき類が31％、汚泥が30％、鉱滓が15％、ばいじんが7％、また最終処分量の産業業種別構成は、製造業が49％、建設業が35％、電気・水道業が8％を占めている。

　もちろんそこには、近年変容がみられるのも事実である。例えば1997年度の状況をみると、産業廃棄物発生量が1,107万t、減量化量は358万t、資源化量は597万t、最終処分量150万tで、その最終処分は地域的には倉敷市が47％と半数を、岡山地域が30％、津山地域が6％、井笠地域が6％[4]等を占めている。またそこには、産業廃棄物への取組み状況の遅れ等企業や産業界や部門の論理や状況の特性をも表すものとなっている。とはいえ汚泥の減量化、また鉱滓の資源化が、とりわけ製造業部門、また一部水道業や建設業部門で進展しようとしているのも事実である。

　このような状況のもと、産業廃棄物問題が社会問題化しそれへの対応を迫られるなか、岡山県においても、そのような動きは急である。例えば2001年に制定された「岡山県循環型社会形成促進条例」は、廃棄物の発生抑制、資源の循環的利用、廃棄物の適正処分等により、ゴミの減少化、リサイクルの推進を図ろうとするものである。

　実際岡山県におけるゴミ減量化への取組みは、「岡山県ゴミゼロガイドライン（岡山県2003年）」[5]によると、発生量やその処理からいって最も重要な課題である汚泥に関しては、2000年度の発生量455万tを、岡山県廃棄物処理計画（2002年）では2005年の発生量を423万t（発生抑制・資源化率は94％）にすることに目標が設定され、目標年度の2007年には、発生抑制、中間処理による減量化（339万t）、資源化（56万t）により、最終処分量を28

万tに、減量化・発生抑制率を82％に、資源化率を12％（岡山県廃棄物処理計画の目標値は最終処分率を6.7％）にしようとするものである。

また岡山県分別収集促進計画（2003～2008年）は、分別収集市町村を、例えば無色のガラス製容器については、2001年実績の62市町村を2003年には77市町村に、またペットボトルについては58市町村を74市町村に、段ボールについては36市町村を66市町村に、飲料用紙製容器については37市町村を54市町村に普及・拡大しようとするものである。したがって、容器包装廃棄物の分別収集量は、2.8万tの実績が4.1万tへと拡大する計画である。

これは、現状においては、例えば岡山市は、下水汚泥をJR貨物として350km長距離輸送して、セメント原料化を実現[6]しているような、取り組み改善すべき状況が多々みられるからである。これらの環境問題に対処し循環型社会を形成するには、排出者責任として、また地域の構成員として、事業者や処理業者、県や市町村、県民が責任を認識し、協力してその役割を果たさざるを得ない。

とくに地方自治体は、住民への事業活動の提供者として、公共事業、上下水道施設からの汚泥の減量化や再生利用、住民も、生活や消費行動、また廃棄物処理のリサイクル施設の設置や管理運営において循環社会の形成に関わり参加・協力せざるを得ないわけである。またこれまで最大の産業廃棄物排出者であった建設業者や産業廃棄物処理業者も、「おかやまリサイクルプラン2002」に基づき、廃棄物処理のエキスパートや環境産業の担い手として、建設汚泥の発生の抑制、中間処理による減量化、資源化の実施に努める等、その責務を社会的にも求められている。

このため、岡山県は、循環条例第22条の規定により、目標が未達成の事業者は、汚泥の発生抑制、循環的利用等の目標を盛り込んだ処理計画や実績報告を作成することを求めている。また汚泥の抑制や資源化技術の獲得に努められるよう、情報、融資制度をも含め、助言や指導を行える体制を整備しようとしている。

もちろん岡山県当局も、これらを実施するための施策を出さざるを得ない。下水汚泥を利用した汚泥発酵肥料、陶磁器質タイルやブロック等エコ製品の認

定（循環条例第27条による岡山県エコ製品認定制度）や率先購入（循環条例第23条によるいわゆるグリーン購入）、ゼロエミッション事業所等の認定、循環社会形成推進モデル事業制度の創設、循環型社会形成のための情報拠点づくり、融資制度の充実や活性化等への国の動きに合わせた、また実情を踏まえそれに対応させる形での展開がそれに当たる。

　事実施設整備事業に対しては、岡山県循環型社会形成推進条例第29条に基づいた、岡山県資源循環推進事業の承認により、岡山市と倉敷市では8分の1以下の補助で2,500万円以下の、それ以外の地域では4分の1以下で5,000万円以下の補助、また技術開発等の事業に関しては、補助率が4分の1以内で、岡山市と倉敷市では800万円以下の、それ以外の地域では500万円以下の補助がなされている。

　国のものを含めたその補助については、例えば2002年度における汚泥に関わる補助制度として、創造技術研究開発費補助金（補助対象経費の2分の1以下で1件当たり100～4,500万円）が、廃棄物処理・リサイクルのための新技術や環境改善・保全のための新技術等を対象に設けられる他、3R（リデュース、リユース、リサイクル）技術を実用化するための循環型社会構築促進技術実用化補助事業（補助対象経費の3分の2以内で1件当たり3,000万円～1億円程度）、民活法によるリサイクル施設の支援措置、夢づくり・オンリーワン企業育成支援事業費補助金、岡山発新技術研究フィールド支援事業、地域産業技術改善費補助事業（1件当たり450万円以内）があげられる。また融資制度としては、リデュース事業とリサイクル事業を対象とした日本政策投資銀行融資（融資比率40％、金利1.45～2.00％）、廃棄物を抑制したり再利用したり処理するための施設を対象とした中小企業金融公庫融資（直接貸付額は7.2億円）、リデュース・リユース・リサイクルのための国民生活金融公庫融資、設備改善（環境対策）資金（1企業3,000万円、融資利率1.9％で岡山県知事の認定が必要）等があげられる。

　また建設副産物に対する税制優遇措置としては、建設廃棄物再生処理用設備設置に関する税制により、建設汚泥の脱水装置の固定資産税に対し3年間課税対象金額が評価額の3分の2に減額処置、また汚泥を脱水・加熱・添加材処理

し利用する技術の開発費への減税処置として特定環境技術開発促進税制がある。これらの多くは、既存の融資窓口を、時代や社会に対応する形で、環境分野や事業へも拡大し、それにより技術や産業の活性化を図ろうとするものである。

このようにして、倉敷市で展開されている資源循環型廃棄物処理施設整備運営事業では、PFI方式により倉敷市の一般廃棄物や下水汚泥を1日300t、また県内の産業廃棄物を1日250t処理するガス化溶解施設を建設・運営する事業で2005年に稼働し、発生するガスはコンビナートで燃料として、またスラグは資源としてすべて活用される。

2. 産廃処理企業の環境および産廃問題への取組みと産廃処理税

(1) 産廃処理企業の状況－岡山県下の状況を事例に－

以上のような形で、環境問題への取組み、なかでも産業廃棄物の処理やその減量化が展開されているが、まずその担い手であり処理実行者である岡山県における産廃業者の状況については、岡山県産業廃棄物協会資料によると、岡山県下の協会員からみた2002年におけるその処理業種別構成は、協会員417社中（賛助会員を含めたそれは429社）収集運搬業者が、図4-II-1のように、396社で協会員の95%を占め、また中間処理業者は100社（特別管理廃棄物中間処理業者を含む）、さらに最終処分業22社（特別管理廃棄物最終処分業2社を含む）となっている。収集運搬業者がこのように多いのは、運搬車を持ったり借用する一匹狼的な零細運送業者が少なからず存在するためである。また特別な取り扱いや管理や処理を要する廃油、廃酸、廃アルカリ、感染性廃棄物、有害汚泥等をはじめとする、特定管理の産業廃棄物収集運搬業は75社で協会員の18%を占めている。

またその本社や事務所等の所在地については、図4-II-1のように、産業廃棄物収集運搬業者の場合、サービス的要素もあり、都市部とりわけ岡山と倉敷の両市に目立つ。岡山市が36%、倉敷市が18%、津山市が5%、玉野市が5%と続く。一方、岡山県外の業者が岡山県の産廃を扱うものは7%と低位なものに

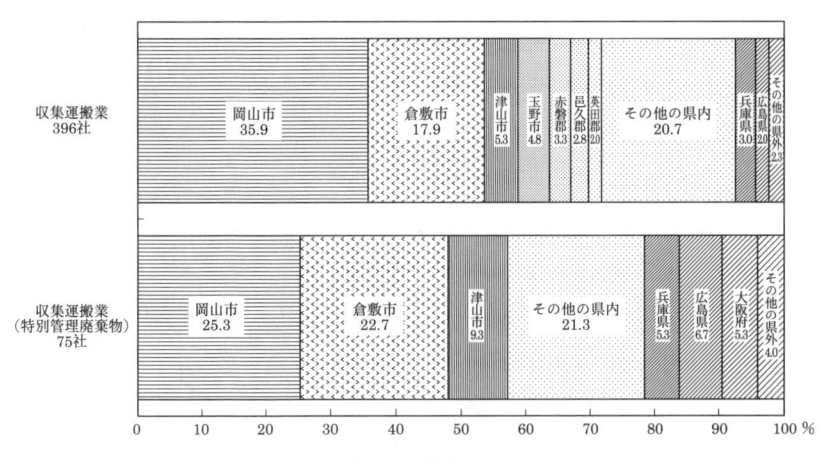

Ⅱ 産廃処理政策としての産廃税と環境税－産廃と産廃処理税をめぐって－ 133

図 4-Ⅱ-1 岡山県における収集運搬業の地域別割合（2002年）
（資料：岡山県産業廃棄物協会（2002）：『会員名簿』より作成）

とどまる。一方、管理を要する特別管理収集運搬業者のそれは、都市的部門への展開がみられるものの、より管理がしやすい水島コンビナート地域を含む倉敷市の比率や他県の占める割合がより高いものとなっている。岡山市の25％を筆頭とするものの、倉敷市が23％とこれにほぼ匹敵する比率で次ぎ、また津山市も9％を占めるのに対し、県外（広島県の7％、大阪府が兵庫県の5％等）収集業者が21％も占めより広域的な処理がなされている。

また岡山県における産廃ゴミの中間処理業に関しては、処理業者数は107社で産業廃棄物協会会員の26％と、中間処理業者の比率は低位である。またその所在地は、岡山市の43％を中心に、倉敷市が16％、津山市が7％を占め、郡部等での展開は低位である。これは、産業廃棄物の中間処分場が、図4-Ⅱ-2の地域的展開にみられるように、とくに岡山市、また倉敷市、久米郡等に集中しているためである。なかでも特別の管理を要する特別管理産業廃棄物処理場の地域的展開については、極めて地域的に限定されたもので、岡山市、倉敷市および久米郡に展開するにとどまる。

また最終処分業者の状況に関しても、それと同様の傾向がみられる。その処分業者に関しては、岡山市は市域が面積的に広域であり、その立地は、中間処理業者の立地と同様、岡山市が占める比率が高いとはいえ、その割合は38％

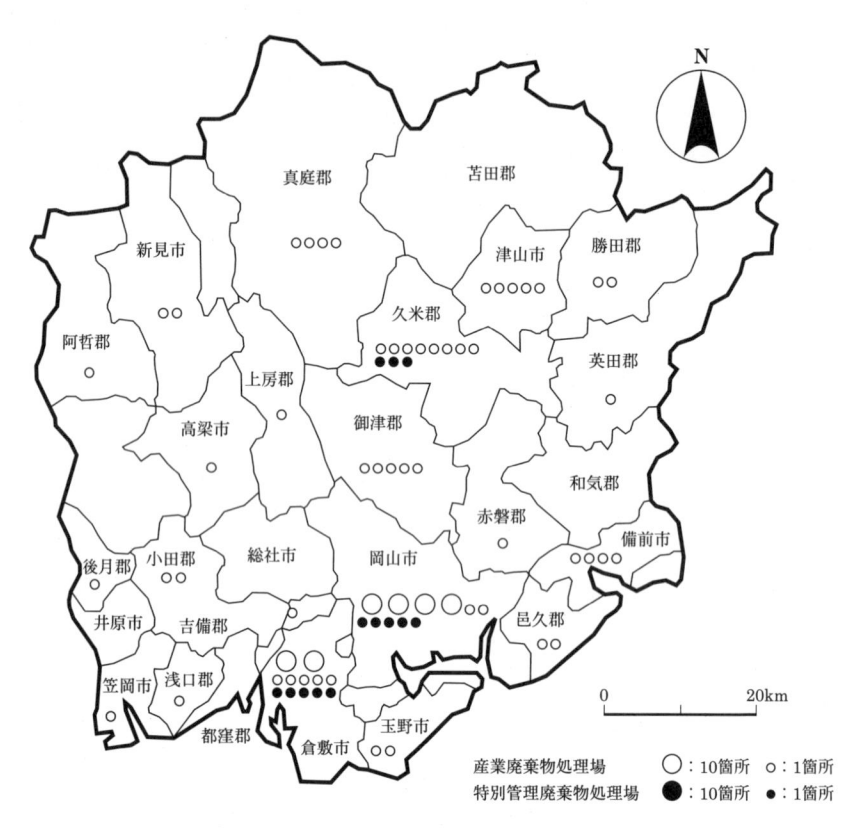

図4-Ⅱ-2 岡山県における市郡別にみた産業廃棄物中間処理場数（2002年）
（資料：岡山県産業廃棄物協会（2002）:『会員名簿』より作成）

とより低位なものにとどまる。一方、水島コンビナートが存在しそこでの最終処分が可能な企業が展開する倉敷市では、その割合は逆に21％と高まるのみならず、それ以外の県内地域の比率も、中間処理業に比してより大きいものとなっている。実際岡山県における最終処分場は、図4-Ⅱ-3にみられるように、岡山市、倉敷市、また地場産業としてのセメント等窯業関連企業も展開する新見市にその展開が目立つ。とくに特別管理産業廃棄物処分場は、岡山市と赤磐郡とに展開するものとなっている。

　もちろん産業廃棄物企業のこれらの合計が100％を超えるのは、もちろん産業廃棄物企業が、収集運搬業、中間処理業、また数的には少ないものの最終処

Ⅱ　産廃処理政策としての産廃税と環境税－産廃と産廃処理税をめぐって－　*135*

図 4-Ⅱ-3　岡山県における市郡別にみた産業廃棄物最終処分場数（2002年）
（資料：岡山県産業廃棄物協会（2002）：『会員名簿』より作成）

分をも兼ね備えている企業も少なくないからである。

　また産業廃棄物業者の取り扱い廃棄物の種類については、収集・運搬企業396社のそれは、廃プラスチックおよびがれき類については84％の企業が扱っているのを筆頭に、ガラス・コンクリート・陶磁器くずについては78％の企業が、紙・木・繊維・ゴムくずについては76％の企業が、金属に関しては73％の企業が、また汚泥に関しては57％の企業が取り扱っている。一方、ばいじんを扱う企業は15％、動植物性残さ・ふん尿は15％の企業が、廃酸・廃アルカリを扱う企業は19％、鉱さいを扱う企業は20％と低位なものにとどまる。もちろんそこには、表4-Ⅱ-1にみられるように、地域性もみられる。例

136 第4編 環境問題から環境政策へ－ISO14001、産廃処理税、環境税政策をめぐって－

表4-Ⅱ-1 処理廃棄物別にみた一般および特別管理産業廃棄物収集運搬業者に占める取扱業者の割合

単位：％

		燃え殻	汚泥	廃油	廃アルカリ・廃酸	廃プラスチック類	紙・木・繊維くず・ゴム	動植物性残さ・ふん尿	金属くず	ガラス・コンクリート・陶磁器くず	鉱さい	がれき類	ばいじん	感染性廃棄物	廃石綿等	その他
一般産業廃棄物収集運搬業者	岡山東	39.3	57.1	28.6	10.7	85.7	83.9	12.5	82.1	85.7	21.4	87.5	21.4			5.4
	岡山西	41.4	51.7	29.3	10.3	81.0	82.8	12.1	72.4	72.4	8.6	86.2	19.0			1.7
	岡山中央	26.6	51.6	21.9	14.1	85.9	78.1	9.4	76.6	81.3	15.6	85.9	4.7			0.0
	東備	37.8	56.8	24.3	16.2	75.7	70.3	13.5	64.9	73.0	18.9	83.8	13.5			2.7
	倉敷	46.5	58.1	34.9	11.6	86.0	62.8	16.3	60.5	76.7	34.9	76.7	23.3			7.0
	倉敷南	47.5	67.5	45.0	37.5	90.0	67.5	12.5	65.0	80.0	32.5	87.5	27.5			12.5
	井笠	40.9	68.2	27.3	27.3	86.4	72.7	9.1	86.4	81.8	40.9	81.8	18.2			0.0
	備北	21.1	42.1	26.3	15.8	68.4	57.9	26.3	52.6	57.9	10.5	78.9	5.3			0.0
	津山	42.1	59.6	47.4	35.1	84.2	82.5	29.8	80.7	78.9	8.8	78.9	3.5			0.0
	合計	38.6	56.8	32.1	19.2	83.6	75.5	15.4	72.7	77.8	19.7	83.6	14.9			3.3
特別管理産業廃棄物収集運搬業者	岡山東	0.0	50.0	66.7	66.7						0.0	0.0	0.0	33.3	16.7	0.0
	岡山西	11.1	22.2	33.3	66.7						11.1	0.0	11.1	33.3	55.6	0.0
	岡山中央	12.5	37.5	75.0	62.5						0.0	0.0	0.0	50.0	37.5	0.0
	東備	14.3	28.6	42.9	28.6						14.3	0.0	28.6	42.9	28.6	14.3
	倉敷	0.0	22.2	55.6	33.3						0.0	0.0	0.0	44.4	55.6	0.0
	倉敷南	10.0	60.0	100.0	90.0						0.0	0.0	0.0	20.0	10.0	0.0
	井笠	0.0	33.3	33.3	16.7						0.0	0.0	0.0	66.7	0.0	0.0
	備北	0.0	50.0	100.0	100.0						0.0	0.0	0.0	50.0	50.0	0.0
	津山	5.6	33.3	83.3	44.4						5.6	0.0	22.2	55.6	11.1	0.0
	合計	6.7	36.0	66.7	53.3						4.0	0.0	9.3	44.0	26.7	1.3

（資料：岡山県産業廃棄物協会（2002）：『会員名簿』より作成）

えば廃プラスチックは水島地区を含む倉敷南地区では90％と、紙・木・繊維・ゴムくずは岡山東地区では84％と、また倉敷南地区では廃油が45％、廃酸・廃アルカリが38％と、動植物性残さ・ふん尿は津山地域で30％と、鉱さいは井笠地区では41％と高いのに対し、がれき類はすべての地区で77％以上と万遍なく高いものとなっている。

　ただ産業廃棄物収集・運搬業者に関しても、とくに特別管理産業廃棄物に関しては、揮発・有害廃油は75社中67％と3分の2の企業が広範に扱う他、腐食性・有害廃酸・廃アルカリは53％の企業が、感染性廃棄物は44％の企業が、有害汚泥は36％の企業が、建築用材として広範に利用され大きな公害・社会問題として話題となったアスベストに関わる廃石綿等は27％の企業が扱っている。またその地域的展開については、表4-Ⅱ-1のように、岡山市、倉敷市等に目立つのみならず、その種類も、例えば水島コンビナートが展開する倉敷南地域では廃油、廃酸・廃アルカリが目立つように、地域的特徴がみられるものとなっている。

　一方、中間処理業者99社が取り扱う産業廃棄物の種類は、紙・木・繊維・ゴムくずを扱う企業が54％を占めるのを筆頭に、がれき類を扱う企業が53％、廃プラスチックを扱う企業が48％、ガラス・コンクリート・陶磁器くずが47％、また金属くずを扱う企業が35％と続く。一方、ばいじんは2％の企業が、鉱さいと燃え殻はともに4％の企業が、廃酸・廃アルカリは8％の企業が扱う等低位なものにとどまる。またとくに特別管理産業廃棄物に関しては、中間処理業および最終処分業が取り扱う産業廃棄物については、腐食性・有害廃酸・廃アルカリは12社中58％の企業が、揮発・有害廃油は42％の企業が、有害汚泥、また廃石綿等はともに25％の企業が扱っている。

　また最終処分業者については、がれき類はすべての業者が扱い地域的にも広域的に展開するのみならず、ガラス・コンクリート・陶磁器くずは77％の業者が、廃プラスチックおよび紙・木・繊維・ゴムくずはともに73％の企業が、また金属くずは64％の企業が扱っている。もちろんその地域性については、特徴もみられ、がれき類については、その取扱業者は地域的にも広域的に展開している。

(2) 産廃処理企業からみた産業廃棄物処理税への評価と課題

次に以上のような形で処理されている産業廃棄物に対し、2003年にその抑制等を目的として導入された岡山県の産業廃棄物処理税に対して、どのような評価と課題があるのかを検討する。なかでもその担い手である産業廃棄物の運搬や中間・最終処分に関わる企業が、どのような評価と課題を持っているのかを中心に以下検討する。

ここでは、産業廃棄物の運搬や中間・最終処分に関わり、岡山県でその業務許可を取っている企業を取り上げ、これらの企業からみた課題を明らかにする。このため、岡山県の許可企業140社に産業廃棄物処理税への評価と課題に関する調査票を配布し、50社から有効回答を得た。以下その結果を中心に産業廃棄物処理税への評価と課題を明らかにする。とくにここでは、ISO14001認証取得企業とそうでない企業の違いに注意を払いながら、その状況と特徴を解明する。

まず産廃処理企業の状況については、本社・本店との回答が90％と極めて高い比率を占め、ほとんどが岡山県に本社を持つ企業である。またその経営規模は零細である。とくにISO14001を取得している企業では、本社・本店が79％で、支社・支店も21％を占めている。1社当たり平均資本金は4億2,944万円と、またISO14001取得企業のそれは10億1,000万円と高い（一方、ISO14001を取得していない企業のそれは1,000万円と低位である）。しかし、これは、大手1社の資本金がとりわけ高いためであり、それを合わせた4社を除いたそれ、つまり46社平均では2,718万円と低位なものとなる。資本金が1,000万円未満の企業が50％と半数を、またそれを含めた3,000万円未満の企業が73％と高い割合を占める。一方、資本金が5,000万円以上の企業は14％にとどまる。

また1企業当たり従業員数は90人（ISO14001取得企業のそれは181人に対し、とくにISO14001を取得していない企業のそれは56人）と零細で、従業員数10人未満の企業が23％、それを含めた50人未満企業が75％と極めて高い。一方、従業員数が100人以上の企業は17％にとどまる。またISO14001を取得していない（以下「ISO14001未認証」と称する。）企業の場合1企業当

たり女性従業員数は9人と、女性が占める割合も17%と低位にとどまり、産業廃棄物企業の特徴がうかがえる。また平均年齢は44歳と、ISO14001の認証取得企業のそれより一層年齢構成が高いものとなっている。このようにISO14001認証取得企業とそうでない企業との特徴、例えば資本金規模や従業員規模等の経営規模は大いに異なるところである。

しかも産業廃棄物企業は、とくにISO14001未認証企業に端的にみられるよう、技術面や環境面での評価は必ずしも高いとはいえない。ISO14001未認証企業の場合、ISO9001の取得企業も14%と、また環境報告書も12%以下の企業が関わるという低位なものにとどまる。

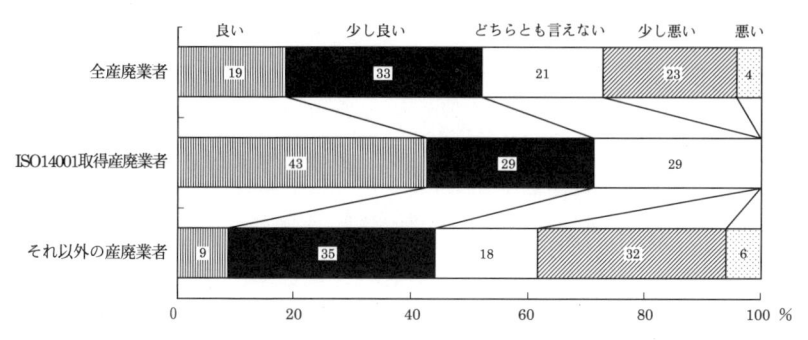

	良い	少し良い	どちらとも言えない	少し悪い	悪い
全産廃業者	19	33	21	23	4
ISO14001取得産廃業者	43	29	29		
それ以外の産廃業者	9	35	18	32	6

図4-Ⅱ-4　ISO14001取得およびそれ以外の産廃業者からみた近年の経営状況
（資料：アンケート調査より作成）

もちろんこれは、近年の景気状況にも関わり、近年の経営状況を、図4-Ⅱ-4にみられるように、良いとする企業は回答企業の19%を、少し良いとするものは33%と、両者で過半数を占めるが、少し悪いと回答する企業が23%とほぼ4分の1を占めるもの、また悪いとの回答は4%となっている。もちろん経営規模的にも充実し環境への取組みをはじめとして積極的な展開を志向しているISO14001認証取得企業とそうではない未認証企業とでは、その経営状況にも大きな違いがみられる。ISO14001企業では、43%が良いと回答しているのをはじめ、少し良いが29%と、両者で7割を超え、少し悪いや悪いは皆無となっている。一方、ISO14001未承認企業では、良いは9%と1割未満に対し、少し悪いは32%、それに悪いを加えるとほぼ4割といえる。

表 4-Ⅱ-2　ISO14001 取得およびそれ以外の産廃業者からみた企業としての課題

単位：％

企業としての課題	全産廃業者	ISO14001 取得産廃業者	それ以外の産廃業者
収益	61	64	60
合理化・経費節減・コストダウン	59	64	57
環境対策	43	50	40
販売・売上対策	41	36	43
地域住民への配慮や市民・住民運動対策等	37	36	37
用地・処分場の確保	31	36	29
人件費	22	21	23
消費者・顧客対策	16	7	20
立地	12	7	14
その他	0	0	0

（資料：アンケート調査より作成）

　したがって、企業の課題としては、表4-Ⅱ-2のように、収益がと回答する企業が61％を占め筆頭をなすのをはじめとして、合理化・経費節減・コストダウンが回答企業の59％で、環境対策が43％、販売・売上対策が41％の企業で、地域住民への配慮や市民・住民運動対策等が37％、用地や処分場の確保が31％、人件費が22％、立地が12％の企業であげられている。ISO14001認証取得企業とISO14001未認証企業とでは、合理化・経費節減・コストダウン、環境対策、用地・処理場の確保はISO14001認証取得企業の方に、一方、第4位の販売・売上対策（16％）や第9位の立地（12％）等ではISO14001未認証企業の方が目立っている。それ以外のものでは、企業としての課題に大きな差異はみられない。

　ゴミや産業廃棄物の処理に関しては、ISO14001未承認企業の場合、自社で処分をしている企業は42％であるのに対し、産業廃棄物として42％が、運搬・処理業者への委託が22％、また一般ゴミとしても11％が出している。また排出廃棄物の種類については、紙・木・繊維・ゴムくずが30％、廃プラスチックが22％、金属くずが22％、ガラス・コンクリート・陶磁器くずが22％、がれきが19％等となっている。また処理取引企業数については、5社

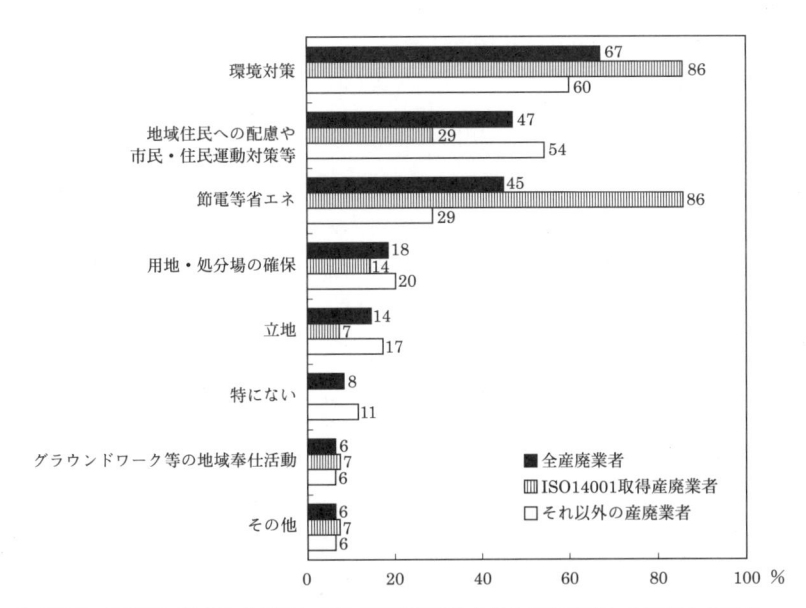

Ⅱ 産廃処理政策としての産廃税と環境税－産廃と産廃処理税をめぐって－ 141

図 4-Ⅱ-5 ISO14001取得およびそれ以外の産廃業者からみた環境問題への取組みの力点
（資料：アンケート調査より作成）

未満が 74％と高い値を示す他、10 社未満の企業が総計 85％を占めている。

　企業としての環境への取組みで力を入れているのは、図 4-Ⅱ-5 のように、環境対策が 67％と高いのをはじめとして、地域住民への配慮や市民・住民運動対策等が 47％、節電等省エネが 45％、用地や処分場の確保が 18％、立地が 14％と続く。もちろん ISO14001 認証取得企業では、その取組みからもわかるように、環境対策や節電等省エネでの取組みにとりわけ力を入れていることがわかる。一方、ISO14001 未認証企業で力を入れているものとしては、地域住民への配慮や市民・住民運動対策、また立地等があげられ、その違いは明瞭である。

　産業廃棄物処理税の徴収については、ISO14001 未認証企業の場合、税として徴収しているのは必ずしも高くなく、26％と 4 分の 1 にとどまる。また税を割り引き徴収しているものが 10％、他には 26％が料金に含めていたり、手数料として 10％が徴収する他、今まで通り受け取っていない企業も 19％、また自己負担する企業は 7％となっている。また産業廃棄物の受け入れ企業数については、取引企業数が 5 社以下の業者が 25％、6 〜 10 社以下が 13％、11 〜

20社が25％、20～100社が13％、また100社以上と大規模に処理する企業も8％を占めている。

　受け入れ企業数に関しては、排出企業先より一層広範なものとなっている。またその受け入れ廃棄物の種類については、紙・木・繊維・ゴムくずが55％と過半でトップをなすのをはじめとして、ガラス・コンクリート・陶磁器くずが48％、がれきが45％、汚泥が35％、廃プラスチックが35％、金属くずが31％、燃えがらが21％、動植物残さ・ふん尿が17％、廃油が10％の企業で取り扱われている。

　もちろん産業廃棄物企業は、資源化やリサイクル化にも取り組んでおり、再生砕石・再生砂、チップ、RC、鉄、肥料、改良土等の製品を生み出し、それらの製品は、道路等の埋め戻し、路盤材、舗装等として公共事業等に40％の企業が利用する他、堆肥や土壌改良材に20％の企業が利用している。製紙原料として、また燃料としても利用される。もちろんこれらの企業は、建設業等や土木工事業に関わる業者を中心に、採石・砕石業、造園や土木業、木くず関連企業、また自動車関連企業に関わっている。これらのリサイクル・資源化商品の販売・取引先については、特定の限られた販売・取引であるといえる。とくにISO14001未認証企業の場合、販売・取引先企業数が5社未満が22％で筆頭をなすのをはじめとして、それを加えて10社未満が35％、一方、100社以上は4％にとどまる。

　産業廃棄物処理税への評価については、必ずしもその評価は好ましいものとはいえない。これは、地方自治体等での評価と大きく異なる。産業廃棄物処理税については、図4-Ⅱ-6のように、効果が期待できないとする企業は48％にも上り、どちらとも言えないとの見解を示す企業も33％を占めるのに対し、効果的であるとの回答は20％と低位なものにとどまる。もちろんどちらかというと、ISO14001認証取得企業の方は、効果的であるが36％（ISO14001未認証企業のそれは13％と低位）と目立つのに対し、ISO14001未認証企業の方ではどちらとも言えないとの回答が38％（一方、ISO14001認証取得企業のそれは21％）と目立っている。

　これは、処理税の負担とも関わる。事実その金額は、図4-Ⅱ-7のように、妥

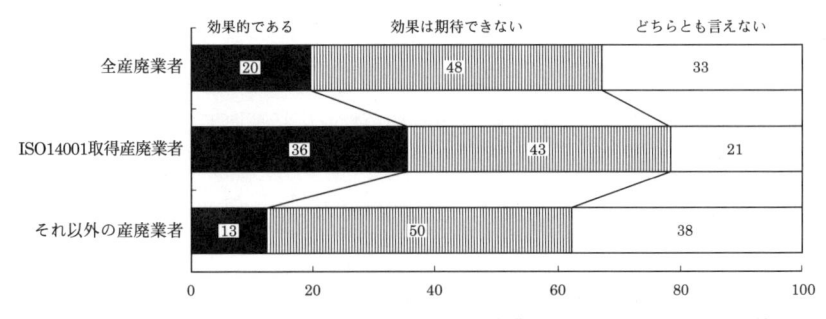

Ⅱ　産廃処理政策としての産廃税と環境税－産廃と産廃処理税をめぐって－　143

図4-Ⅱ-6　ISO14001取得およびそれ以外の産廃業者からみた産廃処理税の効果
（資料：アンケート調査より作成）

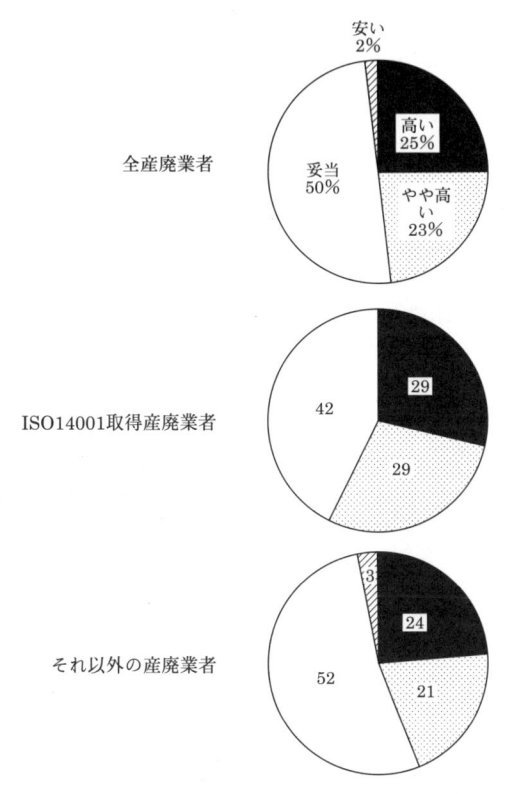

図4-Ⅱ-7　ISO14001取得およびそれ以外の産廃業者
からみた産廃処理税への金銭的評価
（資料：アンケート調査より作成）

当との回答が50％と半数の企業を占めるのみならず、高いとの企業が25％、やや高いが23％と、両者で48％を占めている。一方、安いおよび少し安いは2％と低位なものにとどまる。もちろんISO14001認証取得企業の方が、高いや、やや高いがともに29％と目立つのに対し、ISO14001未認証企業では妥当との回答が53％（一方、ISO14001認証取得企業のそれは43％）と目立っている。

このような評価は、産業廃棄物処理税が課題を抱えているからに他ならない。図4-Ⅱ-8のように、税の有効利用等還元が重要との回答が49％とほぼ半数の企業の意向を示しているように、その還元を期待しているわけである。しかも問題なのは、企業経営にとって負担であるとの回答が40％を占める他、課税が排出量の抑制やリサイクル化につながらず効果的でないと38％もの企業が回答している点である。また手間がかかり煩わしいとの回答が26％を、また優遇処置や政策の方が必要で効果的との回答も多いわけである。このように、必ずしも評価を得ていない点も散見される。

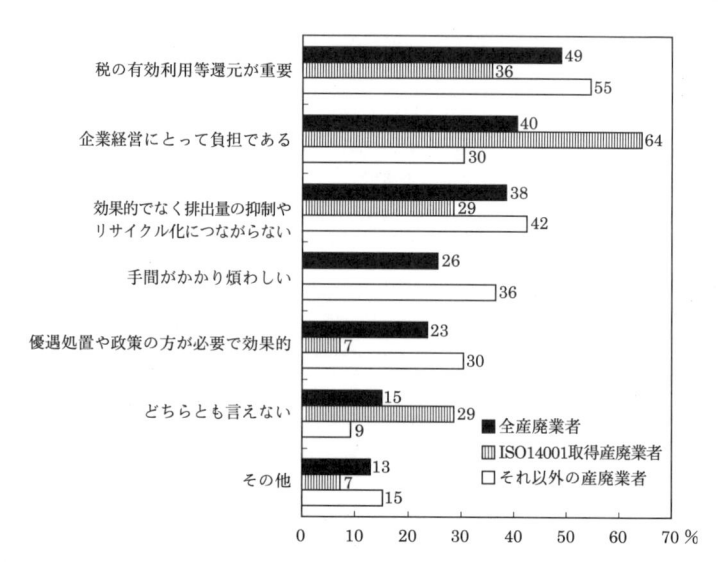

図4-Ⅱ-8 ISO14001取得およびそれ以外の産廃業者からみた産廃処理税の問題点
（資料：アンケート調査より作成）

Ⅱ 産廃処理政策としての産廃税と環境税－産廃と産廃処理税をめぐって－　*145*

　ISO14001認証取得企業と未認証企業の違いについては、企業経営にとっての負担感、またどちらとも言えないは認証取得企業に、一方、税の有効利用等還元が重要、課税が排出量の抑制やリサイクル化につながらず効果的でない、手間がかかり煩わしい、優遇処置や政策の方が必要で効果的等の回答は、未認証企業に目立っている。

　したがって、産業廃棄物処理税の今後については、図4-Ⅱ-9のように、何とも言えないとの玉虫色の回答が41％と最大の比率を示すものの、廃止すべきが30％、減税すべきが9％等ほぼ4割を占めている。一方、このまま維持すべきは17％に、増税すべきは7％と評価する割合は低位なものにとどまる。ISO14001認証取得企業の方が、今のところ何ともいえないが、また減税すべきが高いものとなっており、より懐疑的な傾向を示している。

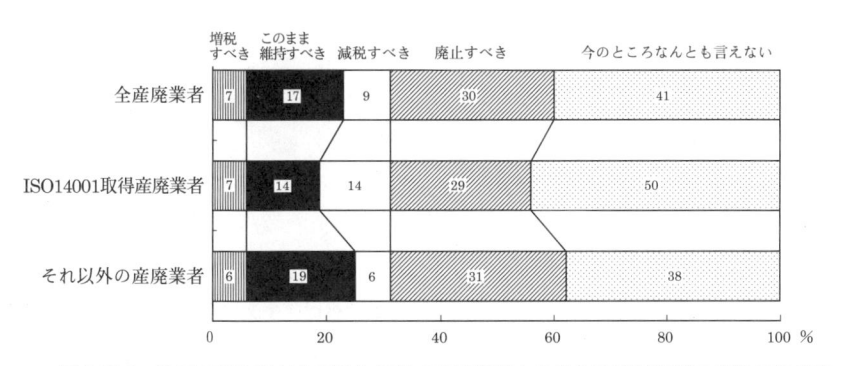

図4-Ⅱ-9　ISO14001取得およびそれ以外の産廃業者からみた産廃処理税の今後のあり方
（資料：アンケート調査より作成）

　このような状況のもとでは、他のものを含めた環境税に関しても低位な評価とならざるを得ない。事実今後環境税を拡大すべきとの回答は、図4-Ⅱ-10のように13％、導入すべきは19％と、両者のそれは約3割にとどまるのに対し、どちらとも言えないは45％、廃止すべきは23％となっている。このようにどちらとも言えないが中心をなしつつも、ISO14001認証取得企業では導入すべきが、一方、未認証企業では廃止すべきが目立っている。

　このような回答は、産業廃棄物処理税の評価理由とも関わる。すなわち

146　第4編　環境問題から環境政策へ－ISO14001、産廃処理税、環境税政策をめぐって－

全産廃業者
　拡大すべき 13%
　導入すべき 19%
　廃止すべき 23%
　どちらとも言えない 45%

ISO14001取得産廃業者
　8
　31
　15
　46

それ以外の産廃業者
　15
　15
　26
　44

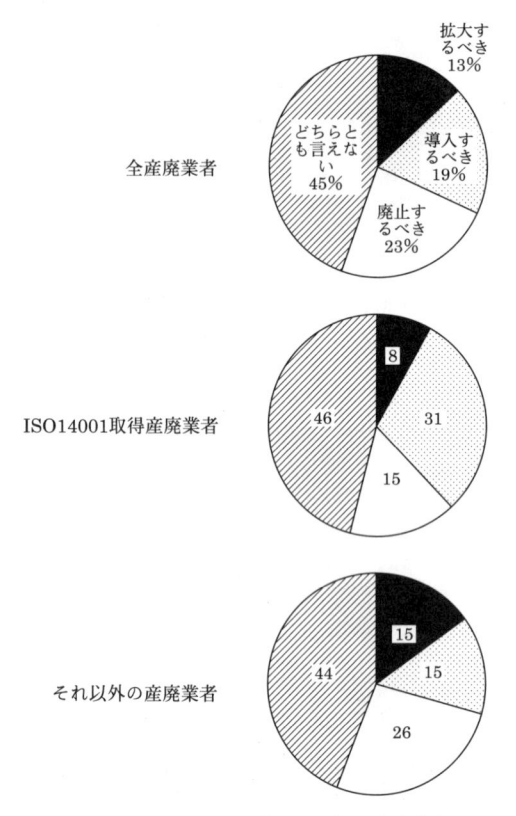

図4-Ⅱ-10　ISO14001取得およびそれ以外の産廃業者からみた
　　　　　環境税の今後のあり方
（資料：アンケート調査より作成）

　図4-Ⅱ-11のように、今のところ何とも言えないからの31%を筆頭に、効果が期待できないからが29%、企業経営にとって負担だから、社会的・時代的要請だからおよび優遇処置や罰則等他の方策の方が望ましいからがいずれも17%と続く。とくにISO14001認証取得企業の方は、企業経営にとって負担だからが43%、また優遇処置や罰則等他の方策の方が望ましいからが目立つのに対し、ISO14001未認証企業の方では、効果が期待できないからが35%と目立っている。
　このような状況にあるがために、今後の力を入れるべき環境への取組みとし

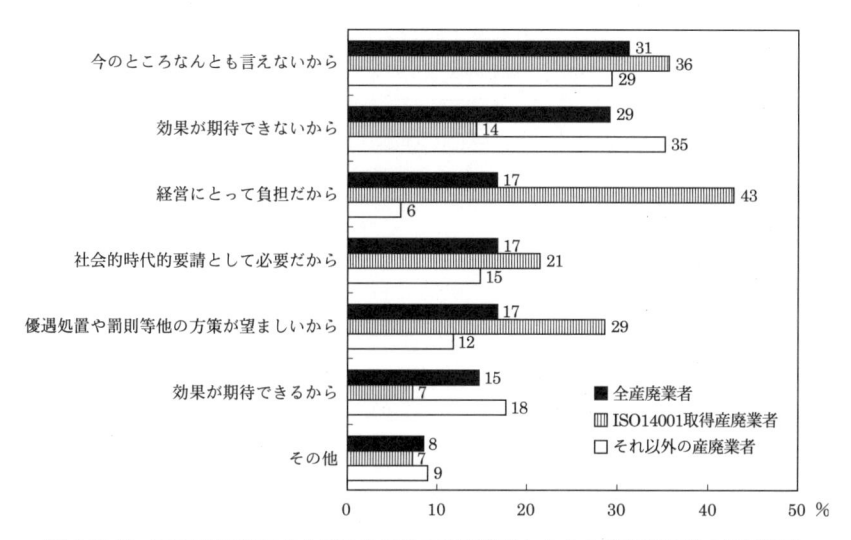

II 産廃処理政策としての産廃税と環境税－産廃と産廃処理税をめぐって－ 147

図4-II-11 ISO14001取得およびそれ以外の産廃業者からみた産廃処理税の評価理由
（資料：アンケート調査より作成）

ては、表4-II-3にみられるように、リサイクル対策が75％の企業で回答されているのを筆頭に、廃棄物処理が42％、節電や節水等省エネ対策が35％、環境事業のPR・環境の啓蒙、また廃棄物の排出量の抑制や削減がともに29％、処分場の立地や用地の確保が27％、地域住民への配慮や市民・住民運動対策等が25％、地域住民の環境保全活動やその支援が23％等があげられる。とくにISO14001認証取得企業では、廃棄物処理、省エネ、廃棄物の抑制や削減、環境事業のPR・環境の啓蒙、地域住民の環境保全活動やその支援、環境教育活動が目立っている。

このように今後の環境問題への取組みとしては、リサイクル対策、廃棄物の処理や排出量の抑止・削減の他、地域住民の活動とそれへの配慮や支援、環境教育や環境活動への啓蒙等、企業の実際的な対応への志向も感じさせるものとなっている。

表4-Ⅱ-3 ISO14001取得およびそれ以外の産廃業者からみた
今後取り組むべき環境対策の力点

単位：％

今後の環境対策の力点	全産廃業者	ISO14001取得産廃業者	それ以外の産廃業者
リサイクル対策	75	79	74
廃棄物処理	42	64	32
節電・節水等省エネ対策	35	64	24
環境事業のPR・環境の啓蒙	29	36	26
廃棄物の排出量の抑制や削減	29	57	18
処分場の立地や用地の確保	27	29	26
地域住民への配慮や市民・住民運動対策等	25	29	24
地域住民の環境保全活動やその支援	23	36	18
環境教育活動	17	36	9
立地・用地対策	15	7	18
グラウンドワーク等の企業等の地域奉仕活動	8	14	6
その他	0	0	0

（資料：アンケート調査より作成）

3. 産廃処理税への評価と課題－岡山県下市町村の状況から－

　次に地方行政の担当者で、産業廃棄物の処理に関わり、地域や住民からも評価されざるを得ない行政が産業廃棄物処理とそれへの課税をどのように評価しているのかを以下検討する。このため、岡山県下78市町村に産業廃棄物処理税への評価とその課題に関する調査票を2004年2月に配布し、53の回答（回答率68％）を得た。以下その結果から、行政面で地域の盛衰の鍵を担なわざるを得ない地方自治体にとっての産業廃棄物処理税への評価とその課題を明らかにする。とくにここでは、その市町村の産業廃棄物処理税への評価を、岡山県下でISO14001を2003年末までに認証取得した企業（アンケート調査に有効回答したのは112企業で、その有効回答率は57％）および産業廃棄物処理業者（アンケート調査に有効回答したのは50企業で、その有効回答率は36％）の評価と比較しながらその特徴を明らかにする。

　岡山県下市町村のISO14001の認証取得率は9％と、また環境白書の有無については5％にとどまり、必ずしも高いとはいえない。もちろん市町村が

ISO14001を取得した理由については、地域住民への環境対策の取組みが86%とトップをなすのをはじめとして、環境対策が71%、また社会的責任上からが71%、イメージアップが29%等があげられている。またその取得メリットとしては、構成員の環境意識が高まったが71%、イメージが向上したが57%、組織運営上一定の効果が得られたが43%等組織や組織構成員に、またイメージとして重要な役割を果たしていることがわかる。また取得のデメリットとしては、煩雑で手間がかかるが86%とあげられるのを筆頭として、費用がかかる、本来の職務に影響をもたらす、また職員の理解や協力が得にくい等この認証取得に伴い、煩雑さや手間が職員にも大きな影響を及ぼしていることがわかる。

　岡山県下市町村では、ISO14001の認証への取組みは限られたものであるが、それ以外の環境への取組みとしては、リサイクル対策が72%の市町村であげられトップをなしている。そこには、現在市町村が環境問題で担っている役割が鮮明に感じられる。これに次いで、廃棄物の排出抑制が59%の市町村で、回収方法や回収対策が45%、節電・節水等の省エネ対策が38%、ゴミの有料化政策が23%の市町村であげられている。一方、地域住民への配慮や市民・住民運動対策が11%、グランドワークをはじめとする地域活動対策は9%にとどまる等、地域住民への配慮や地域活動対策、地域奉仕活動等ソフト面での取組みはなお低位といえる。

　またとくに力を入れた環境問題への取組みを特徴づけると、図4-Ⅱ-12のように、地方自治体では環境対策（81%）や節電等省エネ（38%）が目立つ。一方、ISO14001認証取得企業ではその取組みは当然節電等省エネ（96%）や環境対策（81%）が、また産廃業者では環境対策（67%）、地域住民への配慮や市民・住民運動対策（47%）、節電等省エネ（45%）、処分場の立地や用地の確保（27%）が重要な課題となっている。

　このように、地域行政を担い環境対策や政策の責務を負う市町村、企業であるが環境問題への取組みには積極的な対応や試みを展開しているISO14001認証取得企業、また産業廃棄物処理を担っているが環境問題への取組みには必ずしも積極的な展開をしていない企業もみられる産廃業者においては、その取組

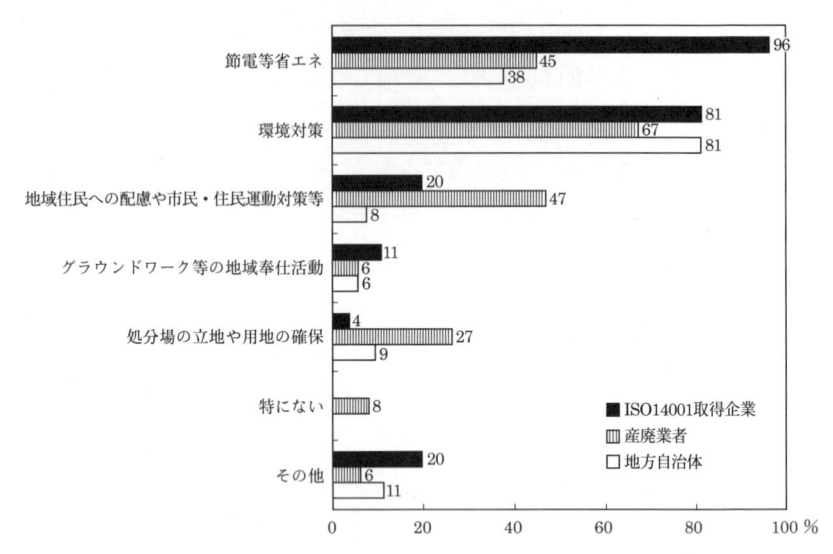

150　第4編　環境問題から環境政策へ－ISO14001、産廃処理税、環境税政策をめぐって－

図4-Ⅱ-12　企業、産廃業者および地方自治体からみた環境問題への取組みの力点
（資料：アンケート調査より作成）

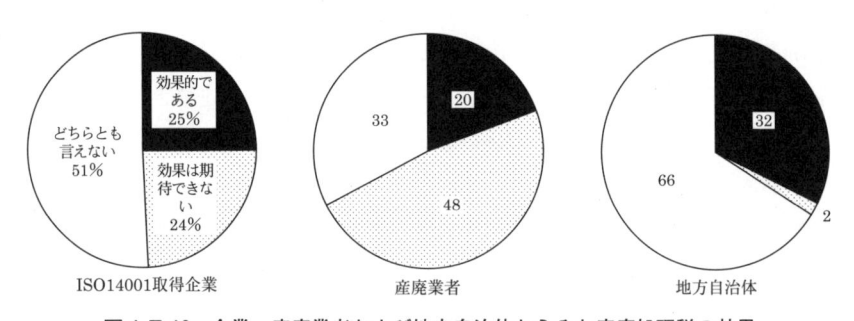

図4-Ⅱ-13　企業、産廃業者および地方自治体からみた産廃処理税の効果
（資料：アンケート調査より作成）

みの力点や対応に違いがみられる。

　またここで問題とする産業廃棄物処理税については、図4-Ⅱ-13のように、効果的であると評価する市町村は32％と3分の1がそれをいくらか評価しつつも、どちらとも言えないとする回答が66％とほぼ3分の2をも占める等、そこには、県税で課税の実行者である岡山県とは違い当事者ではないという市町村

の立場を示しているし、またそれを評価するにも現在はまだ必ずしも十分結論を出す状況には至っておらず、判断しにくいとの態度が玉虫色となっていると思われる。もちろんそれを、ISO14001認証取得企業や産業廃棄物業者のそれとの比較により社会的に位置づけると、効果的であるとの好意的・積極的な評価は、ISO14001認証取得企業の25％や産廃業者の20％に対し高い評価となっている。一方、効果は期待できないとの否定的また懐疑的な評価はわずか2％と、評価が好意的ともいえるISO14001認証取得企業の24％はいうに及ばず、産廃業者の48％に比して極めて低位なものにとどっている。

したがって、1t当たり1,000円という税金額についても、図4-Ⅱ-14にみられるように、市町村での評価は妥当との回答が64％と極めて高い値を示している。それに少し安いの16％と安いの7％を加えると、87％という高い評価を得ている。一方、高いは2％、やや高いは11％と低位なものにとどまる。もちろんそこには、市町村と排出企業や産業廃棄物企業との回答に鮮明な違いがみられる。事実ISO14001認証取得企業でも産廃業者でも妥当との回答が51％および50％と半数を占めるが、高いとやや高いとの評価は、ISO14001認証取得企業では21％および23％、また産廃業者では25％および23％の評価で両者を合わせるとほぼ半数に達している。一方、安いと、少し安いの合計は、ISO14001認証取得企業では5％、産廃業者では2％と極めて低位なものにとどまる。

そうであるがために、産業廃棄物処理税の問題点としては、図4-Ⅱ-15のよ

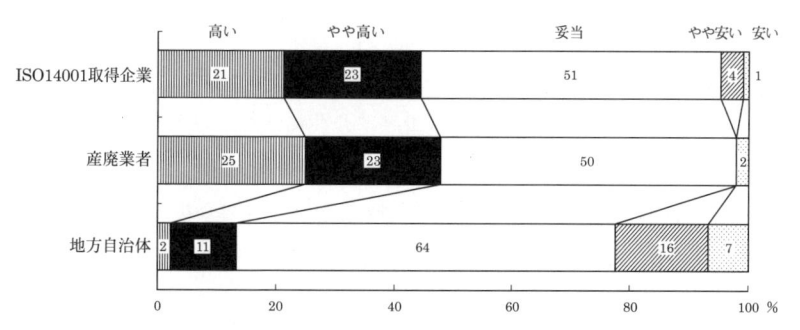

図4-Ⅱ-14　企業、産廃業者および地方自治体からみた産廃処理税への金銭的評価
（資料：アンケート調査より作成）

うに、市町村では、優遇処置や政策の方が必要で効果的との回答が61％と高い値を示すのである。排出量の抑制やリサイクル化につながらず効果的でないとの回答が24％を占める他、排出企業や処理企業経営にとって負担であるとの回答も20％を、また税の有効利用等還元が重要との回答が15％を占めている。そこには、行政的な関与の必要性とそうした役割や立場をも意識した回答を感じさせる。

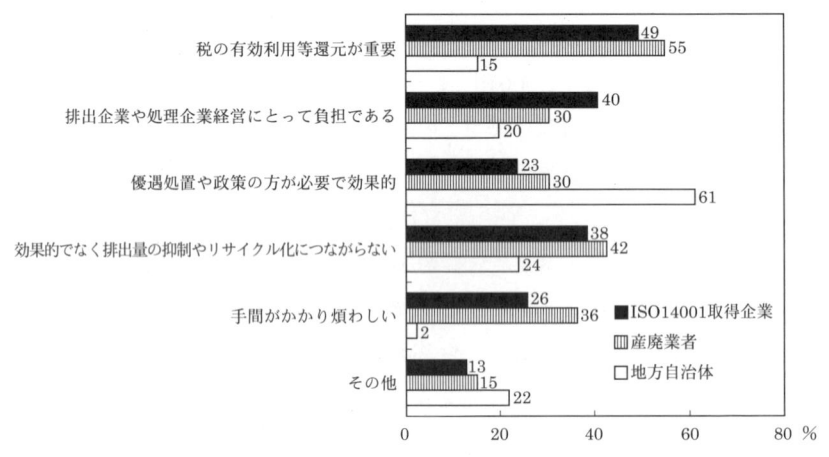

図4-II-15　企業、産廃業者および地方自治体からみた産廃処理税の問題点
（資料：アンケート調査より作成）

　一方、ISO14001認証取得企業では、税の有効利用等還元が重要、排出企業や処理企業経営にとって負担である、排出量の抑制やリサイクル化につながらず効果的でない等の回答が38％以上と高い値を、また産廃業者では、税の有効利用等還元が重要、排出量の抑制やリサイクル化につながらず効果的でない、手間がかかり煩わしいが等の回答が36％以上と高い値を示している。

　このような状況であるがために、産業廃棄物処理税の今後については、図4-II-16のように、このまま維持すべきと回答する市町村が41％を占める。ここにも、行政の担い手としての市町村の姿勢が反映され、企業とりわけ産業廃棄物業者のそれにその違いをみるのである。もちろんそれとともに、今のところ何とも言えないとの回答も同じく41％と高い値を示しているところに、

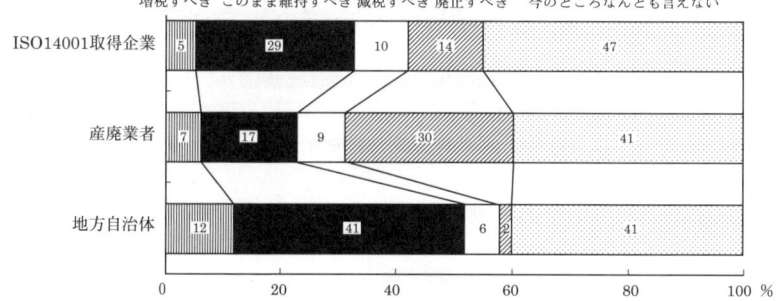

Ⅱ　産廃処理政策としての産廃税と環境税－産廃と産廃処理税をめぐって－　153

増税すべき　このまま維持すべき　減税すべき　廃止すべき　今のところなんとも言えない

ISO14001取得企業　5　29　10　14　47
産廃業者　7　17　9　30　41
地方自治体　12　41　6　2　41

図4-Ⅱ-16　企業、産廃業者および地方自治体からみた産廃処理税の今後のあり方
（資料：アンケート調査より作成）

この産業廃棄物処理問題とそれへの対処策としての課税と、それに伴う課題や矛盾がみられるのである。一方、増税すべきとの回答は12％にとどまる。これに対し、ISO14001取得企業では、今のところ何とも言えないとの回答が47％、一方、このまま維持すべきは29％にとどまるのに対し、廃止すべきと減税すべきが合わせて24％となっている。また産廃業者では、廃止すべきと減税すべきが合わせて39％と高いのに対し、このまま維持すべきは17％と低位なものにとどまるのは産業としての特徴を示すものである。

そのような回答をする理由としては、図4-Ⅱ-17のように、今のところ何とも言えないとのまさに玉虫色の回答が38％と最多をなすのをはじめとして、社会的・時代的要請との社会的状況を意識した回答も30％と高い値を示す他、効果を期待できるとの回答も23％という値を示している。時代や社会的に、また効果を期待する姿勢が、また行政としての見解や立場がそこにはみられる。一方、ISO14001認証取得企業では市町村のそれと同様に今のところ何とも言えないが37％と最多をなすが、社会的時代的要請の必要性が28％を示す他、企業経営にとって負担との回答が21％と高いのが、一方、効果を期待できるとの回答は9％と低位なものにとどまるのが特徴である。また産廃業者では、今のところ何とも言えないが最多で31％を示すが、効果が期待できないとの回答も29％とそれにほぼ匹敵するのが特徴である。

したがって、今後の環境税の導入については、図4-Ⅱ-18のように、どちら

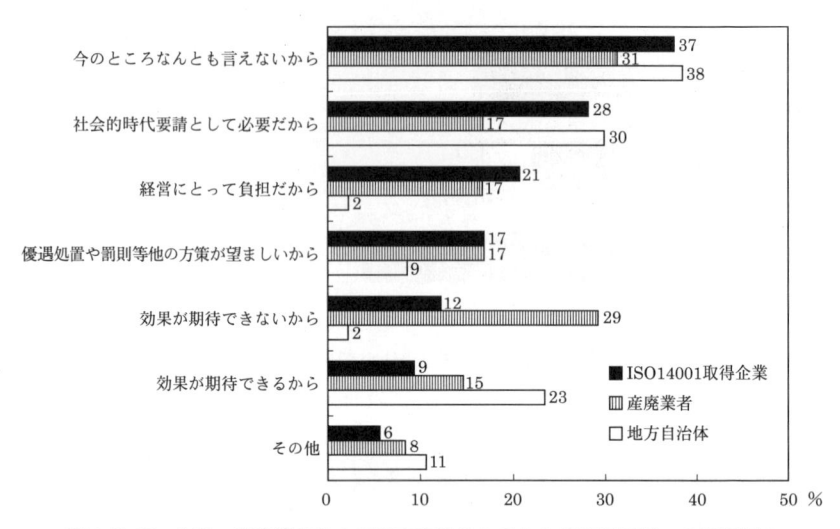

154 第4編 環境問題から環境政策へ－ISO14001、産廃処理税、環境税政策をめぐって－

評価理由	ISO14001取得企業	産廃業者	地方自治体
今のところなんとも言えないから	37	31	38
社会的時代要請として必要だから	28	17	30
経営にとって負担だから	21	17	2
優遇処置や罰則等他の方策が望ましいから	17	17	9
効果が期待できないから	12	2	29
効果が期待できるから	9	15	23
その他	6	8	11

図 4-Ⅱ-17　企業、産廃業者および地方自治体からみた産廃処理税への評価理由
（資料：アンケート調査より作成）

	拡大すべき	導入すべき	廃止すべき	どちらとも言えない
ISO14001取得企業	10	19	16	56
産廃業者	13	19	23	45
地方自治体	18	22		59

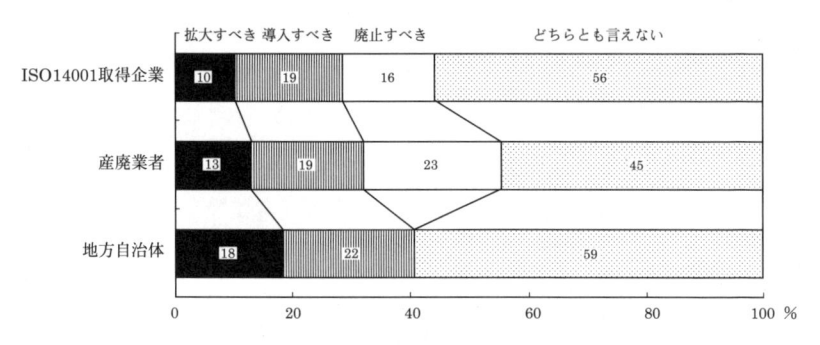

図 4-Ⅱ-18　企業、産廃業者および地方自治体からみた環境税の今後のあり方
（資料：アンケート調査より作成）

とも言えないとの回答が市町村の 59%と約6割もの比率を占めるのをはじめとして、導入すべきとの回答も 22%、また拡大すべきという回答も 18%と高い値を示す等前向きの姿勢がかなりみられる。一方、ISO14001 認証取得企業と産廃業者では、以上に加えてとくに廃止すべきとの回答がかなりみられるのが特徴である。一方、それは、行政を担う地方自治体では皆無となっているの

Ⅱ 産廃処理政策としての産廃税と環境税-産廃と産廃処理税をめぐって- 155

も大きな特徴である。

このような状況のもと、今後力を入れたい環境への取組みとしては、表4-Ⅱ-4のように、リサイクル対策との回答が67%を占めるのを筆頭として、地域住民の環境保全活動やその支援が53%、環境教育活動が47%、廃棄物の排出量の抑制や削減が43%、環境活動のPR・環境の啓蒙等が35%、節電や節水等省エネ対策が31%、廃棄物対策が29%の市町村であげられている。そこには、リサイクル対策や廃棄物の排出量の抑止・削減の他、有料化、地域住民の活動やそれへ配慮や支援、環境教育や環境活動への啓蒙等ハード面や実際的な対応の他、ソフト面での取組みへの志向も今まで必ずしも十分とはいえないだけに、それらへの必要性や意気込みを感じさせ、そこにも行政の姿勢がうかがわれる。したがって市町村としては、環境税として、例えばその導入予定のものとして一般廃棄物処理税（大原町）、森林税（新見市）や水源保全・森林保全のための税（成羽町）、温暖対策目的税（美甘町）等があげられるのである。

一方、ISO14001認証取得企業では、今後力を入れたい環境への取組みとしては、廃棄物の排出量の抑制や削減の83%を筆頭に、リサイクル対策が80%、

表4-Ⅱ-4 企業、産廃業者および地方自治体からみた今後
取り組むべき環境対策の力点

単位：%

今後の環境対策の力点	ISO14001取得企業	産廃業者	地方自治体
廃棄物の排出量の抑制や削減	83	29	43
リサイクル対策	80	75	67
節電・節水等省エネ対策	76	35	31
環境事業のPR・環境の啓蒙	33	29	35
環境教育活動	31	17	47
廃棄物対策	29	42	29
地域住民の環境保全活動やその支援	20	23	53
地域住民への配慮や市民・住民運動対策等	16	25	8
グラウンドワーク等の企業等の地域奉仕活動	14	8	6
処分場の立地や用地の確保	5	27	10
立地・用地対策	2	15	2
その他	7	0	4

（資料：アンケート調査より作成）

節電や節水等省エネ対策が76％と際だって高いものとなっている。また産廃業者では、リサイクル対策や廃棄物対策が強く意識され、いずれも企業の特徴をもよく表すものとなっている。

　岡山県下市町村における環境問題への取組みは、以上検討したような状況にあるがために、それらの地域の課題としては、例えば一般廃棄物の最終処分場の延命（笠岡市）、小規模事業所の環境汚染対策（岡山市）、都市生活型公害対策（岡山市）、有料化等による不法投棄対策（岡山市、美星町、西粟倉村）、住民への啓発・周知（久米南町）、住民意識の向上（川上村）や市民のリサイクル意識（津山市）、地域住民と行政との環境保全活動（里庄町）等が指摘されるわけである。このような状況のもと、岡山県下においても、環境問題の取組みとして、市町村が行っている特徴的な試みもみられる。指定ゴミ袋を導入しゴミの減量化（笠岡市）、資源回収団体への報奨金（美甘町）、生ゴミの堆肥化（船穂町）、商業者と市によるマイバック運動と景品交換システムの展開（津山市）、家庭から廃食用油を回収しゴミ収集車に利用（落合町）、里地における生物多様性保全対策（岡山市）等がその例である。

注
1)　岡山県生活環境部環境政策課（2002）:『岡山県環境白書　2002年版』岡山県 pp.57〜58。
2)　岡山県（2002）:『岡山県廃棄物処理計画』岡山県、資料 pp.18〜21。
3)　前掲注2）計画書、pp.53〜54。
4)　岡山県税制懇話会（2000）:『岡山県税制懇話会報告書』、岡山県、p.53。
5)　岡山県（2003）:『岡山県ゴミゼロガイドライン』岡山県。
6)　三垣千秋（2002）:「岡山県における下水汚泥脱水ケーキのセメント原料化の推進について」下水道協会誌 480。

おわりに

　近年わが国の社会経済状況は大きく変容し、それに伴う閉塞状況も散見し、それへの対応には、従来とは異なったものが求められている。そこでは、これまでの施設や建物等ハード面のみならず、ソフト面、例えば既存の体制や組織、またそれを支える倫理や価値感そのもののとその有用性さえもが問われようとしている。
　そもそも組織の存在やその意義は何か。また組織の担い手たる個人とその果たすべき役割とは何か。さらにそれらを支えるべきメンタリティつまり精神性また論理や倫理は如何なるものか。もちろん個人や組織はそれが成立し展開するまでは多くの場合善たり得ることも多々あるが、その存在が組織としてまた社会に認められるやいなや、それは、個や組織の意義を超えたものとなる。個や組織が、その意義を自ら認識するのみならず、社会的にも認知されたものとして行動するがために、ある面では性善説は成り立ち得る。
　しかしその個や組織が展開すると、存在や発言力さらには権力を持ち強めるがために、それらに毒されない新たな個や組織またさらに社会の展開や論理にとっては足かせとなる。それは悪に変わるゆえんである。近年社会経済的に変容が大きく進展するなか、新たな対応を、個も組織も社会的に求められるが、そこから抜け切れず閉塞感が強いだけに、その存在や意味は大きいわけである。
　組織そのものが、自分や組織の存在の前提となるがために、組織のための論理や倫理が展開し得たが、組織の存在が危うく時には崩壊に至る状況のもとでは、そこに確固たる意味や意義を見いだし難い。もちろんそこに意義を見いだし難いもの、とりわけそれと矛盾や対立しながら新たな展開をするものにとっ

てはことさらそうであり、その崩壊化への道がメンタル的にも提供され加速化されざるを得ないわけである。

そういう意味では、そのような社会や組織、またそれを支える個は、存在そのものが社会的に不要で時代遅れで、時には害や悪そのものとの位置づけは免れ得ない。そういう意味で、組織やそのための個は、成立すると同時に性悪説化するし、社会状況的にも性善説が展開し難いものとなるのである。

いいものが評価され、個人に満足感や豊かさを、また資本に利益を、地域や社会に豊かさ等をもたらすのは、人や社会の望みであり、それをかなえるものでもある。いいもののための企画、人材、組織、地域、社会をつくり、また社会的にそれを評価していくことがさらなる発展へとつながる。いいものを評価できる仕組みを作り持つことが重要とされるゆえんである。

本来人は組織を作れるし、組織も人や人材を育成できるが、そのように機能していないのが現実である。組織の担い手として、頭数をそろえるだけでは力を発揮できない。個が最も大切であるが、個の限界、すなわち個の判断でもある好き嫌いやわがままも併せ持ち、それを超えて、さらなる展開へとつながることも必要である。近年かしましいリーダー論やその資質についても、なりたい人ではなく、人や組織や社会のために人や組織を動かしたい人や動かせる資質のある管理者やリーダーでないと意味を持たない。もちろん人や組織や地域に、いい人がい、しかもいい評価ができないと、いい人は集まり組織は展開しないし、それをさせるのが組織そのもののである。そういう意味でも、その道程は遠いわけである。

社会や国が成立したのは、それをつくりたい人や組織が、存続したのは維持したい人や組織が、そういう意味ではローマ帝国よろしく、組織や国が滅びたのは、壊したい人や人材や組織があったからに他ならない。

近年わが国では、組織の改編や再編、また崩壊が、その一方で新規展開も急である。しかし単に看板をあげるだけでは意味がない。その看板として多くの分野で掲げられる福祉や環境や国際化についても、そこに自分や組織としての存在、そういう意味ではアイデンティティがなければ意味がない。それは、教育においても明瞭で、例えばどのような教育をし、人を惹きつけるのか。また

そのために、教育のプログラムとそれを担うべきスタッフをどのように持つのか。またそのために、ポスト等人事配置やその評価をはじめとして、組織をどのように管理・運営し機能させるのか。

　もちろん持続可能なための合理的かつ総合的な管理や処理システムも、所詮時代や社会の産物であるが、それは社会的にも地域的にも一様ではあり得ない。したがって、その展開において、先進国と途上国の違いに対処する等実状にあった対応がなし得るのか等は重要で、そういう現実的な対応が可能な総合的処理・対応システムが、技術的、法的、さらに社会的にも求められている。

　近年大学も、社会状況が大きく変容するなか、改変や再編成を迫られ、国立大学も独立行政法人化された。しかし、組織やその構成員の心構えにみられるよう、その展開は容易ではない。教員研修会と称して、構成員の意識改革の試みもみられる。しかしその内容は、著名で受けのいい他機関の講師による講演への依存等にみられるように他力本願的なものである。内部構成員自らが変革を実現するとの意気込みを、相手と対峙し自分自身はもちろん相手をも巻き込んでその変革を迫るものでない限り、本格的な改革は不可能である。講演会や研修会よろしく、胡散臭い説教のごとくその場を離れる否や気持ちも雲散霧消するに過ぎない。内部の構成員自らが従来のものから決別しそれを実践することこそ肝要である。

　もちろんその展開には、個人や組織に軋轢を強いるがために、大きな力やエネルギーが必要である。しかしそれに対する報いは、組織内部的には、時には妨害や迫害に象徴されるように、協力を一般的に期待できず、決して多いものとはいえない。

　一方、外部の人は、普通研修会等と称すれば、金銭的にも予算を計上できる。そこには、新たな刺激等他人の能力や労働に依存しおんぶされたいという安楽やたかりの構造がみられる。しかも、そこには、官僚よろしく、予算や人事を采配できるという構造が生まれる。それなりの人を連れてくれば、それなりの啓発となるが、それにもならない人も少なくない。それも大きな課題である。

　昨今大学でも改革が声高に論じられ、とりわけ執行部や学部長等もリーダー

シップの必要性をも唱えることが多いが、新しい時代の担い手として、大学や学部等を、また学問や研究をどのように社会的、地域的に位置づけ、その特徴を踏まえて、どのような構想を持ち発展を展開するのか。構成員で担い手でもある教員を交えながらしかるべき適切な研修を是非成果が上がる形で展開してもらいたい。普通社会では、選挙にみられるように権限を代表者に託す場合、綱領やマニフェストよろしく、例えば演説や公約という形で、それを表明しその信託を得てきたが、大学等では、国立大学の学部長選挙等で一般的にみられたように、これまでそのような公約等はもちろん演説や表明さえなく、個々の判断で、したがって、それは、あるわずかな人の意図のもとに、恣意的にしかも極めて容易に方向づけられ利用されることも多々ある形で、選ばれてきた。もちろんそれは、これまではそのような恣意的で無責任な選択とそのもとでの管理・運営で事なきを得てきたからでもあった。

　したがって昨今とりわけ改革論やリーダーシップ論がかしましいわけである。もちろんリーダーシップを発揮すべきとその承認を求める管理・運営者は、自らの構想やそれを実現するための計画や方策を披露し、しかも具体的に目標を設定し着実に展開し実現していく能力や気概、実行力を備え、それを発揮し実現していくことが任務である。公約でまた選挙でふさわしいと判断されたなら、権限を委ねた以上、構成員として合意し合いながら、目標を追求・達成するために力を注ぐことを旨とすべきである。

　もちろん本来組織と人とは別物である。とりわけこれまではそうであった。組織は、組織を活かすために、人を採用し活用する。新しい組織は、新しい目標を掲げそれを実現するためのものであり、それを担えかなえる人材が必要である。しかし組織と個人の意向は異なるがために、個人の行動は組織のそれと必ずしも一致しない。しかも年が経つにつれ、本来のものとは組織も人もズレや乖離が大きくなる。それは、とりわけ大学等では自由や自治という名のもとで容認されてきた。しかしそれは近年、個人的にはもちろん組織的にも勝手気ままや無責任とも結びつく形で、本来の姿また社会状況とも乖離しさえしている。

　それが安楽椅子や権力を提供すればするほど、またそれに甘んじる度合いが

強ければ強いほどそうであり、人や組織は動かないわけである。そこには人や組織を動かすための方策が必要で、心や意志、とくに心意気また名誉やほまれ等行動への動機づけ、さらにそれをよりよく動かすためにも金と権力も必要となる。したがって、人にはもちろん組織にも、実行するための、評価や名誉、またそれに伴う利益、またポストや権限、さらに金も必要である。

そういう意味では、組織とくに公的機関においても、もはや単なる描き企画されただけの図や絵、ましてや単なるバーチャル図的なものなどいらない。独立行政法人大学等でも、例えば学部運営では、講座組織を動かすべき責任もしくは主任教授5～6名で通常は対応し切り盛りできる権限と責任とを持たせるべきである。これまでのように持ち帰って検討する等他に転化したり先延ばしにする必要はないし、権限の行使とその責任も回避すべきでない。そこでは権限が委譲された分成果が出せなければ、駄目と評価されやめるよう方向づけられるに過ぎないわけである。

そこには、これまでの人気や知名度、また人脈や人間関係重視の人物本位ではなく、企業や社会的な評価とされる成果主義つまり業績や結果が求められ、それができる組織や人材であるよう方向づけられよう。そういう意味では、人のいいだけではなく能力を備え、それに相応しい資格のある、したがって、任期制や組織の改変・再編成にも対応し実現できる人材や組織が求められるのである。

これまで大学、また学部や学科は、そのような要請がなかったがために、それらを養成してこなかったし、執行部もそれを好まず回避してきた。つまり、個人と組織が、とりわけ役職に当たる人や執行部は、これまで成果を問われたりその責任を負わされることがなく、気持ちよく管理・運営できるように協力できる人材や組織づくりをしてきた。それは、組織が変容・再編化、まして衰退や崩壊することはまれで、いわゆるいい人、つまり断らず辛抱強くよくいうことを聞いてくれ、しかも無報酬かそれに近い状況でも仕事を引き受けてくれる人を採用し配置し利用し、波風すなわち大きな待遇を払ったり権限を振うことなくつつがなく済まそうという事なかれ主義を志向しそれが許されてきたからである。

彼らは、とりあえずは風見鶏よろしく、今求められているリーダーシップの発揮、またいい組織や組織づくり等、さらに新しい組織や社会の改革とは相入れない、少なくとも無関心や無頓着かを装える人材であり、死を待つしかない組織や社会をこれまで支持し保持してきた、そういう意味では従来通りの路線で現状維持の運営を志向しようとするものに他ならず、新たな再編には向かわず、変革期には衰退さらには崩壊へとつながるものに過ぎない。

もちろん組織や組織内部の人を変えるのは大変困難であり、外から血すなわちそれを担える意志や力を持った人材を入れ、彼らを核に活性化を展開せざるを得ない。外部の人や組織は、従来からのしがらみや効率の悪いことを断ち切り、新しい時代や社会を築くに足る人材で組織を構成しようとする。これは、個や組織は、社会的意義や価値とは違う次元でも展開・存続しようとするものに他ならない。ガン細胞よろしく、存続基盤である本体の破滅に至るまで、個や組織の利害とりわけ個の増殖にいそしむが、それは、組織やそれを支えるものそのものを破壊する。のみならず、財政や予算にみられるように、社会的、つまり公的機関として公的に展開する場合はとりわけその支持基盤や果てには社会そのものの発展をも阻害するのである。

そういう意味でも、組織をつぶさず存続させるには、内部や組織を新たに改編や活性化していくしかない。多くの場合その展開如何は、それを支える内部組織やその構成員自身の活躍によるところが大である。そのためには、企業よろしく、事業展開によるその発展への貢献により、人材を査定し管理していく新たな仕組みこそが課題である。もちろんそこでは、根源的な課題、例えば事業や企業の目的や課題そのものも問われよう。

この点はもはや大学も同様でそれを免れ得ない。組織として、例えば岡山大学は、環境理工学部は、環境管理工学科は、またその構成員は、どのような意義があり、何を売りにできるのか。このため、長期、短期的に、例えばこの1年間で、またこの10年でどうその役割を展開していくべきかを考えられ、判断でき、実行できなくては、組織として生き残れないし、そういうことができる人材こそが必要である。リーダーシップを謳ってきそれを託されるようになった学長等大学や学部等の執行部は、社会的にはもちろん組織的にも構成員

個々にもそれを示しその成果にも応えることを期待されている。

　近年、地域や社会の大きな変容とそのもとでの閉塞状況が、人や組織を問い、ふるいにかけ、組織や人間を、また地域や体制をも廃棄物化させようとしており、廃棄物かどうかを見抜き、それをどうすべきか決断できる人や組織が必要となっている。廃棄物であるがために、再利用すべきか、リサイクルすべきか、廃棄・処理すべきか、人材的、組織的、社会的に判断を迫られているのである。もちろん再利用すべく改変するには、人や組織の意義づけや方向づけ、なかでも組織の長や執行部は、短期的また長期的な視点から、人材的にまた技術的、さらに組織的にも社会的にもその方向性を見いだし、そのなかで判断せざるを得ない。廃棄物とするなら、その処置や対策をも施さねばならないわけである。

　それには、知識や能力のみならず、耐えざる努力やエネルギーも欠かせず、困難で大変な改変や変革には多くの場合関心を払わず目や耳や口を閉ざし、それを志向し、まして実施へとは向かわない。それに飽き足らず、不安や危機を感じる場合には、リーダーシップ論を掲げたり披露してきたわけである。しかし世の中はよくしたもので、そのような志を秘めた人も少なからずいる。従前少なかった廃棄物等環境問題の専門家も、他分野や亜流でなく専門的に展開できる状況になりつつある。

　今独立行政法人化の中で大きな課題となっている大学での組織や人材等の廃棄物化や廃棄物は、社会的状況からもそれに目をつむることは困難である。それは、かつての人材の廃棄物、とくに家庭で展開された濡れ落ち葉論的な、つまり家庭内や男女間の問題として許容できる廃棄物として許容する余裕はもはやないわけである。しかし、現在大学自らが実施しようとしている自己や教員評価、また任期制の導入では、事態への対処として、またその緩和・解消化として必要とされている方策からは極めて遠いものといえる。

　それは、そこでの評価・点検システムさえも機能しているとはいえないからである。このような状況のもとで、例えば科研費を申請していないと岡山大学で学長裁量経費等の研究費に申請できないシステムを確立しても、研究費や科研費の申請は出せなかったり出しにくいとの感や状況もある面では否めない。

それは、人のよい負担を強いるばかりで成果がみえてこないからである。まずそれは、学閥や人脈との関わりも大きく懸念される科研費と同様、成果主義ではなく申請主義の状況のもとで審査されるからである。したがって、まともに評価されて当たるかどうかも定かでない上に、申請に時間を要し、雑務等で忙しい状況下では出しづらい。

　真面目に精力的に取り組む意志を持って対応した場合、研究費が当たった場合どうするのか。授業等のノルマや雑務で仕事は、就業時間内ではとてもこなせず、未払いの残業後、家に持ち帰り、普通は深夜11時過ぎ、時には1時や2時過ぎまで、また休日の仕事として時間を要することも少なからずみられる。それに授業の予習や資料等の充実化、さらに研究をしようものなら深夜の3時や4時とならざるを得ない。良心や罪悪感ではなく、健康や命という面からいっても、研究の申請さえ出しづらいわけである。しかもそれによって、教員の負担や給料は変わらない。

　その一方で、少数とはいえ、研究業績の実績が十分なく、ポスト的には教授や助教授等その教員の資格さえ不十分と評価され問われても、そのような申請においては、研究や社会的貢献を評価されたり賞され、したがって、科研費や委託研究面等では、出張等に明け暮れる状況もみられる。したがって、それは時には教育面でも支障をきたし、よく状況が理解し難い学生でも、月給泥棒や給与の二重取りと揶揄せざるを得ない状況さえみられる。

　そういう意味では、雑務はだれが被るのか。一部、例えば人のよい、また何でもそれなりに対応する人、さらにとくに執行部に当たる人が深夜にまで及ぶ形で雑務を被るのか。そこには、本来的な意味で、助手には、助教授や教授の名が、助教授には助が取れることが励みにもなるように、また号俸や手当等給与が上がるように、組織や社会的に評価され報われる仕組みがなければ、組織構成員をそのように方向づけることは難しいわけである。

　本来例えば管理や運営についても、アイディアを出せば評価されたり、登用されて報われる等の仕組みをつくり機能するよう展開していくのが組織やそのリーダーである。それが方向づけられれば、例えば教育面においても、授業、また学生の相手や教室の運営はそこそこに、学会や外回りばかりに勤しみ出か

け、雑務や授業また研究より、それから解放され楽で実のある出張に勤しむことも少なくなり、補講や休講も減る。それは、本人の志向や組織外における個人的なつきあいやつながりのなかで、個人的に判断され、税負担者である国民、組織や構成員、例えば学生やとりわけ身近な他の構成員にしわ寄せされるわけである。

しかも多くの場合それは、これまで個人的プレー、つまり単に個人的に望む出張、委託、会合で、それは、組織的とりわけ組織内部的に必ずしも要請されたり必要とされたものでないが、組織的に不許可になることはあり得ない。本人の意のままに出張に明け暮れ、授業も、休講や時には補講でつじつま合わせをするも、学生は休講を喜んでいるとの身勝手な解釈を他人にまで押しつけはばからない状況さえみられる。時には月に数日かそこらの出講で済まそうとするのである。しかも少なくともそれに、見え理解できる形での評価や罰則もない。社交的であればあるほど、社交に走り、歯止めがきかない。大学や組織の自治のもとで、放任と無責任がまかり通り、それに乗り、これを利用する人も少なからず展開するわけである。

それは、本人に自覚がないか、あっても本人がそれを指向しないがために、是正や改善へとは向かわない。本人が犯罪を犯すも組織や構成員が罰したりやめさせないなら、本人の志向が続く限り実行され続く。研究室等で結果的に仕事が押しつけられる構成員間に険悪な関係が生じるものの、事なかれ主義のなか、社交にたけているだけに、他との間で最低限のことが守れ利害が表面化しない限りは問題は内在化し、社会的には問題とはならない。

教授会や会議を欠席すると、減点評価されたり減給されない限り、ノルマや雑務から解放され楽で楽しく実りも多い出張、とりわけ海外出張等が志向されもする。しかもそれは根深い構造的な課題、つまり提出された計画のみが、個人や組織的なつながりのなかで審査・評価され社会的に承認されることが多いだけに、必要性や意義の議論や評価の裏側で、申請、行き得、サボり得の論理が大手を振る状況も散見される。その成果は、申請時のようには評価されない論理がそれを容認してきたのである。

行ったら論文や本等に代表されるような成果を義務づける、できなければ成

果を出すために行きたい人や出せる人のために譲ったり、時には返金させる等の処置がない限り、改善は望めない。予定や計画ではなく出した成果に対して申請したり認可する等の成果・実績主義でしか、つまり能力や努力を発揮し実行してきた場合に許可する方向でしか本来の機能は発揮し得ない。力がわき活性化するよう、組織も、体制のなかでは考えられず変革などし難いということへの見直しを含めた、構造的対応なしには変革等は望むべくもない。

このような状況のもと、本書ですでに検討したように近年、今世紀最大の課題である環境問題に対しても、住民や市民はもちろん、企業やまた市町村等行政も、時代や社会的状況を踏まえた、新たな段階の対応を求められている。例えば、環境マニフェストシステムやISO14001には縛りがあり、管理票による産業廃棄物の物流管理には、文書作成や広報活動でも、手間や煩わしさ、またコストも必要であるのみならず、環境問題への対処如何によっては社会的責任さえ問われる等、従来とは違った環境という視点や流れに見合った対応、また体系や組織づけが必要となっている。企業活動、またそれを支える従業員にも、新たな環境コストや評価をも入れた環境対策としての合理性からみた生産や組織の構築、管理・運営やその体系づくりが出せ対応できなければ、企業や組織、分野や部署、また従業員の今後の命運などあり得ない。また行政の末端として県や市町村も、部外者として位置づけ得ず、環境問題や環境政策へ、ここで検討したISO14001、また産業廃棄物処理税や環境税へも取り組み、対応せざるを得ない。

ISO14001、産廃税さらに環境税は、新たな時代や社会への方向づけで、企業や行政そのものへの評価でもあり、地域的・社会的に、また国際的・地球的に環境問題に適切に対応せざるを得ない。日本は今、組織や組織構成員自体が次の時代や社会への変革や展開を推進すべく、またそういう意味では環境への取組みは、学問的にはもちろん、個人、企業、地域、地方自治体や国、また国際的さらに地球的にも極めて重要な課題で、その新たな試みや展開が一層進展することが大いに期待されている。大きな変容が展開するなか新たな展望とそのための変革が求められるゆえんである。

本書の出版を快く引き受けて下さった大学教育出版の佐藤　守社長、並びに編集にも一方ならぬご尽力をいただいた編集担当をはじめとする方々に深く感謝致します。図表作成においては、岡山大学院生難波田隆雄さんにご協力いただいたことを感謝しここに記す次第です。

2006年4月

北村修二

注
1)　拙著（2001）:『破滅か再生か－環境と地域の再生問題－』大明堂、pp.1～219。
　　拙著（2003）:『開発から環境そして再生へ－地域の開発と環境の再生－』大明堂、pp.193～198。

■著者紹介

北村　修二　（きたむら　しゅうじ）
　　1949 年　　京都府に生まれる
　　1981 年　　名古屋大学大学院博士課程修了

　　現　在　　岡山大学大学院環境学研究科教授
　　　　　　　博士（理学）

　　著　書　　『国際化と地域経済の変容』古今書院　1991 年
　　　　　　　『国際化と労働市場』大明堂　1992 年
　　　　　　　『日本農業の変容と地域構造』大明堂　1995 年
　　　　　　　『世界の雇用問題』大明堂　1997 年
　　　　　　　『開発か環境か』大明堂　1999 年
　　　　　　　『破滅か再生か』大明堂　2001 年
　　　　　　　『開発から環境そして再生へ』大明堂　2003 年
　　　　　　　『地域再生へのアプローチ』古今書院　2004 年
　　　　　　　以上の単著の他多数

環境と開発のはざまで
―いま、国際化・環境問題からいえること―

2006 年 6 月 10 日　初版第 1 刷発行

■著　　者――北村修二
■発　行　者――佐藤　守
■発　行　所――株式会社 大学教育出版
　　　　　　　〒700-0953 岡山市西市 855-4
　　　　　　　電話 (086) 244-1268　FAX (086) 246-0294
■印刷製本――モリモト印刷㈱
■装　　丁――原　美穂

© Shuji KITAMURA 2006, Printed in Japan
検印省略　　落丁・乱丁本はお取り替えいたします。
無断で本書の一部または全部を複写・複製することは禁じられています。
ISBN4-88730-699-7